普通高等教育"十一五"国家级规划教材
《植物细胞组织培养》配套教材

# 植物细胞组织培养
# 实 验 教 程

郭仰东　主编

陈利萍　张喜春　副主编

U0219591

中国农业大学出版社

# 编　委　会

# 前　　言

　　本书是为配合讲授植物细胞组织培养、植物生物技术等课程而编写的,是普通高等教育"十一五"国家级规划教材《植物细胞组织培养》(刘庆昌等主编)的配套实验教材。编写者来自国内多所高校,具有多年的相关领域教学和科研经历。在植物细胞组织培养和植物生物技术课程教学工作中,我们感到缺乏合适的实验指导类教材,实验讲解过程中颇感不便。同时,缺乏合适的实验指导教材对学生开展实验和学习掌握相关知识也有很大影响,基于上述原因我们编写此书。本书可以作为农林和生物类各专业大学生的实验指导教材,也可作为研究生及从事植物细胞组织培养和植物生物技术研究和应用的科技工作者的参考书。

　　本书第一章(植物细胞组织培养的基本设备和技术),第五章(植物单倍体细胞培养)和附录部分由中国农业大学郭仰东教授编写;第二章(植物组织器官培养)由北京农学院张喜春副教授编写;第三章(植物离体快繁)由中国农业大学郭仰东教授和北京农学院张喜春副教授编写;第四章(植物茎尖分生组织培养)由武汉大学李家儒副教授和中国农业大学郭仰东教授编写;第六章(原生质体培养、融合及植株再生)由浙江大学陈利萍教授编写,其中实验五由中国农业大学翟红副教授编写;第七章(植物细胞培养与次生代谢)由中国农业大学周立刚教授编写;第八章(植物遗传转化)由中国农业大学翟红副教授编写;第九章(植物种质离体保存)由内蒙古农业大学石岭教授编写;第十章(植物人工种子)由北京农学院葛秀秀博士和中国农业大学郭仰东教授编写。最后由郭仰东教授统稿。中国农业大学刘莉莎和王玉珏协助参加了本书的编写工作。本书承蒙中国农业大学刘庆昌教授审阅,在此表示感谢。

　　本书涉及内容较广,限于编者水平,书中不妥之处,敬请读者批评指正。

**编者**
2009-12-09

# 目　　录

# 第一章

# 植物细胞组织培养的基本设备和技术

# 实验一 植物组织培养所需基本设备仪器用具的认知及其使用方法介绍

## 一、实验目的及意义

本实验主要介绍植物细胞组织培养中所需要的基本实验设备、仪器和其使用方法及植物离体培养的基本技术,包括器具的灭菌技术,培养基的配制及灭菌,外植体的前期处理和无菌操作技术。

## 二、实验内容

1. 基本设备的认知:

(1)无菌室。在植物细胞组织培养过程中,相对于微生物培养,植物培养周期比较长,短则 1 个月,长则可达几年的时间,因此,在操作和培养过程中,最重要的是防止污染,无菌设备非常重要。

无菌室主要用于植物材料的消毒、接种、培养物的继代转移等。这是植物组织培养中必需的设备,要求地面、天花板及四壁尽可能光洁、无尘,易于采取各种清洁和消毒措施。一般设内、外两间,外间小些为准备室(供操作人员更换工作服、工作帽、拖鞋,洗手及处理无菌培养的材料等)。内间稍大,供接种用。无菌室内应安有紫外灯,在操作前至少开灯 20 min 灭菌。同时室内应定期用甲醛和高锰酸钾蒸汽熏蒸(或用 70%酒精或0.5% 苯酚喷雾降尘和消毒)。

(2)超净工作台。超净工作台是为植物组织培养提供无菌操作环境,是最常用、最普及的无菌操作装置,和无菌室相比超净工作台既方便又舒适,无菌效果又好。超净工作台一般由鼓风机、过滤器、操作台、紫外光灯和照明灯等部分组成。通过内部小型电动机带动风扇,使空气先通过一个前置过滤器,滤掉大部分尘埃,再经过一个细致的高效过滤器,以将大于 0.3 μm 的颗粒滤掉,然后使过滤后的不带细菌、真菌的纯净空气以每分钟 24~30 m 的流速,吹过工作台的操作面,此气流速度能避免坐在超净工作台旁的操作人员造成的轻微气流污染培养基。初次使用的超净工作台要在开启 2 h 后,再开始接种,以后每次开启 10~15 min 即可操作。为了提高超净工作台的效率,超净工作台应放置在空气干净、地面无灰尘的地方,以延长使用寿命,应定期检测超净工作台的无菌效果,方法如下:在机器处于工作状态时在操作区的四角及中心位置各放一个打开的营养琼脂平板,2 h后盖上盖并置37℃培养箱中培养24 h,计算出菌落数。平均每个平皿菌落数必须少于0.5个。并且,定期清洗和更换紫外灯和过滤装置。

2.用具的认知:在植物组织培养过程中,需要使用到各种各样的用具。包括培养基配制用具、培养工具、接种工具等。在使用这些用具之前,先要了解它的基本用途,并学会它们的基本用法。其中部分用具在基础化学实验中已经接触过,在这里只作简单的介绍。

(1)培养基配制用具。

1)量筒,用来量取一定体积的液体。常用的规格有25 mL,50 mL,100 mL,500 mL,1 000 mL等。

2)刻度移液管,用来量取一定体积的液体,配合吸耳球使用。常用的规格有1 mL,5 mL,10 mL,20 mL等。

3)烧杯,用来盛放、溶解化学药剂等。常用的规格有50 mL,100 mL,250 mL,500 mL,1 000 mL等。

4)容量瓶,用来配制标准溶液。常用的规格有100 mL,500 mL,1 000 mL等。

5)吸管,用来吸取液体,调节培养基的pH值及配制标准溶液定容时使用。

6)玻璃棒,溶解化学药剂时搅拌用。

(2)培养用具。

1)三角瓶,是植物组织培养中最常用的培养容器,适合进行各种培养,如固体培养或液体培养,大规模培养或一般少量培养。常用的规格有50 mL,100 mL,200 mL ,500 mL等。

2)培养皿,在无菌材料分离、细胞培养中常用。常用的规格有直径3 cm,6 cm,9 cm,12 cm等。

3)广口培养瓶,常用于试管苗大量繁殖及作为较大植物材料的培养瓶,常用规格为200~500 mL。

4)试管,植物组织培养中常用的一种玻璃器皿,适合少量培养基及测试各种不同配方时使用。

5)封口材料,培养容器的瓶口需要封口,以防止培养基失水干燥并杜绝污染,并且要保持一定的通气功能。常用的封口材料有:棉花塞、铝箔、耐高温透明塑料纸、专用盖、蜡膜等。实验室常用铝膜和聚丙烯膜。

(3)接种工具。

1)酒精灯,用于金属和玻璃接种工具的灼烧灭菌。

2)手持喷雾器,盛装70%酒精,用于操作台面、接种器材、外植体和操作人员手部等的表面灭菌。

　　3)工具皿,即灭过菌的普通空白培养皿,用于存放灭过菌的外植体。

　　4)载玻片,切断、剥离植物材料用。

　　5)解剖刀,用来切割植物材料。

　　6)剪刀,适于剪取外植体材料。

　　7)镊子,用于解剖、分离、转移外植体和培养物。

　　8)解剖针,用来分离植物材料,剥取植物茎尖。

　　3. 小型器具和仪器的认知:植物组织培养过程中,还需要使用一些小型器具及仪器。

　　(1)天平。称量化学试剂用。常用的有以下几种:

　　1)药物天平,用来称量大量元素、琼脂、蔗糖等。称量精密度为 0.1 g。

　　2)分析天平,用于称量微量元素、植物激素及微量附加物。精度为 0.000 1 g。放置天平地方要平衡,要保持清洁干燥,避免接触腐蚀性药品和水汽。

　　(2) 酸度计。培养基配制时测定和调整培养基的 pH 值用。酸度计在使用前,要调节温度到当时的室温,再用 pH 标准液(pH 7.0 或 pH 4.0)校正后,蒸馏水充分洗净,才能进行 pH 值的测定与调整。测定培养基 pH 值时,应注意搅拌均匀后再测。国内常用 pH 值为 4.0~7.0 的精密试纸来代替酸度计。

　　(3) 磁力加热搅拌器。溶解化学试剂时搅拌用。

　　(4) 分注器。用来分装培养基时用。

　　(5) 移液枪。配制培养基时添加各种母液及吸取定量植物生长调节物质溶液时用。常用的规格为 10 $\mu m$,50 $\mu m$,100 $\mu m$,200 $\mu m$,500 $\mu m$,1 mL,5 mL 等。吸取液体时,移液器保持竖直状态,将枪头插入液面 2~3 mm。用大拇指将按钮按下至第一停点,然后慢慢松开按钮回原点。接着将按钮按至第一停点排出液体,稍停片刻继续按按钮至第二停点吹出残余的液体,最后松开按钮。即吸的时候按到第一挡,打的时候一定要打到底,也就是第二挡。当移液器枪头里有液体时,切勿将移液器水平放置或倒置,以免液体倒流腐蚀活塞弹簧。使用完毕,恢复至最大量程,使弹簧处于松弛状态以保护弹簧,延长移液枪的使用寿命。

　　(6) 过滤灭菌器。用于加热易分解、丧失活性的生化试剂的灭菌。常用规格为直径 0.20~0.45 $\mu m$ 的硝酸纤维素膜过滤,当溶液通过滤膜后,细菌和真菌的孢子等因大于滤膜直径而被阻。在需要过滤灭菌的液体量大时,常使用抽滤装置;液量小时,可用医用注射器。使用前对其进行高压灭菌,将滤膜安放在注射器的靠近针管处,将待过滤的液体装入注射器,缓慢推压注射器活塞杆,溶液压出滤膜,从针管压出的溶液就是无菌溶液。

　　(7) 电炉或微波炉等加热器具。用于加热溶解生化试剂和配制固体培养基时,加热溶解琼脂。

(8)血球计数板用于植物细胞计数。血球计数板是一块特制厚玻片。玻片上由 4 道槽构成三个平台,中间的平台分成两半,其中两侧平台比中间平台高 0.1 mm。中间的平台又被一分为二,在每一半上各刻有一个计数室,每个计数室划分为 9 个大方格,每个大方格的面积为 1 mm×1 mm=1 mm²,深度为 0.1 mm,盖上盖片后容积为 0.1 mm³。中央的一个大方格又用双线划分为 25 个中方格。每个中方格又用单线划分为 16 个小方格,共计 400 个小方格,原生质体的计数即可在中央的这个大方格内进行。

计数方法:

1)在显微镜下检查计数板上的计数室是否干净,若沾有污物,须用酒精棉轻轻擦洗,用蒸馏水冲洗,再用吸水纸吸干。

2)将盖玻片盖在计数室的上面。将悬浮在培养基中的原生质体悬浮液滴在盖玻片一侧边缘,使它沿着盖玻片和计数板间的缝隙渗入计数室,直到充满计数室为止。

3)计数时要使显微镜载物台保持水平。依次逐个计数中央大方格内 25 个中方格里的原生质体,然后根据下式求出每毫升中的原生质体数。

4)1 mL 悬浮液中的原生质体数＝1 个大方格悬浮液(0.1 mm³)中的原生质体数(×)10×1 000。

5)血球计数板使用后,用自来水冲洗,切勿用硬物洗刷,洗后自行晾干或用吹风机吹干,或用 95% 的乙醇、无水乙醇、丙酮等有机溶剂脱水使其干燥。

(9)烘箱。用于烘干洗过的器皿和对玻璃器皿进行干热消毒。

(10)高压蒸汽灭菌锅。是植物组织培养中最基本的设备之一,用于培养基、蒸馏水和各种用具的高温灭菌消毒等。

(11)低速台式离心机。分离、洗涤培养细胞(团)及原生质体时用,一般转速为 2 000~4 000 r/min。

(12)摇床。用来进行细胞悬浮培养。根据振荡方式分为水平往复式和回旋式两种,振荡速度因培养材料和培养目的不同而不同,一般为 100 r/min 左右。

(13)实体解剖镜。多用于剥离植物茎尖。

(14)倒置显微镜。用于观察、记录外植体及悬浮培养物(细胞团、原生质体等)的生长情况。可以和相机配合使用,拍照记录分化生长过程。

(15)荧光显微镜。以紫外线为光源,用以照射被检物体,使之发出荧光,然后在显微镜下观察物体的形状及其所在位置。荧光显微镜用于研究细胞内物质的吸收、运输、化学物质的分布及定位等。

(16)流式细胞仪。用于检测细胞等生物粒子的理化及生物学特性(细胞大小、

DNA/RNA含量、细胞表面抗原表达等)。在植物组织细胞培养中,多用于研究在单倍体培养、花药培养、细胞融合中鉴定细胞的倍性变异情况。

(17)冰箱。长期贮存培养基母液、生化试剂及低温处理材料时用。一般家庭用冰箱即可。

(18)培养箱。少量植物材料的培养。有条件的话,还可采用全自动的调温、调湿、控光的人工气候箱来进行植物组织培养和试管苗快繁。

(19)培养室。培养室是将接种到试管、三角瓶等的培养材料进行培养生长的场所,要满足植物生长繁殖所需的温度、光照、湿度和气体等条件。培养室要经常保持干净,定期进行消毒、清洗,进出时要更换衣、帽、鞋等,以免将尘土、病菌带入室内。

培养室内需要配置大量的培养架,用以放置培养容器,增大空间的利用效率。培养架上每层要安装玻璃板,可使各层培养物都能接受到更多的散射光照。日光灯一般安放在培养物的上方或侧面,控制光强为 $40\sim55~\mu mol/(m^2 \cdot s)$,能够满足大部分植物的光照需求。最好用自动计时器控制光照时间。

培养室温度一般要求在 $20\sim30℃$ 之间,具体温度的设置要依植物材料不同而定。为使温度恒定和均匀,培养室内应配有空调或带有控温仪的加热装置(如电炉、热风机等)及空气调节装置(如风扇等),可以使空气更好地流动。培养室的相对湿度应保持在 $70\%\sim80\%$。

## 三、提示注意

(1)在老师的带领下,认识和熟悉各种设备和仪器。一些大型仪器,如高压灭菌锅、超净工作台在老师示范其用法后,才可以自己动手操作。

(2)按照各种设备和仪器的用途进行分类,有利于记忆其用途,较快地掌握本实验的内容。

## 四、思考题

(1)建立一个小型的组培室需要哪些仪器和设备?

(2)简述超净工作台的使用原理、使用中的注意事项及日常检修方法。

# 实验二　植物离体培养的基本技术简介

## 一、实验目的及意义

本实验主要介绍了植物组织培养中的一些基本操作技术,包括各种用具的洗涤,用具、培养基和外植体的灭菌技术及无菌操作技术。

## 二、实验内容

1. 用具的洗涤:

(1)玻璃器皿的洗涤。新购置的玻璃器皿或多或少都含有游离的碱性物质。使用前要先用1‰稀HCl浸泡一夜,再用肥皂水洗净,清水冲洗后,用蒸馏水再冲一遍,晾干后备用;用过的玻璃器皿,用清水冲洗,蒸馏水冲洗一遍,干后备用即可。对于已被污染的玻璃器皿则必须在121℃高压蒸汽灭菌30 min后,倒去残渣,用毛刷刷去瓶壁上的培养液和菌斑后,再用清水冲洗干净,蒸馏水冲淋一遍,晾干备用,切忌不可直接用水冲洗,否则会造成培养环境的污染。

(2)金属用具的洗涤。新购置的金属用具表面上有一层油腻,需擦净油腻后再用热肥皂水洗净,清水冲洗后,擦干备用;用过的金属用具,用清水洗净,擦干备用即可。

2. 灭菌:

(1)培养基的灭菌。灭菌前应检查一下灭菌锅底部的水是否充足,将待灭菌的物品放入锅内,不要放得太紧,以免影响蒸汽的流通和灭菌效果。物品也不要紧靠锅壁,以免冷凝水顺壁流入物品中。加盖旋紧螺旋,使锅密闭。灭菌加热过程中应使灭菌锅内的空气放尽,以保证灭菌彻底。打开放气阀,等大量热空气排出以后再关闭,灭菌时,应使压力表读数为$1.0\sim1.1$ kg/cm²,一般情况下在121℃时保持$15\sim20$ min即可,灭菌时间不宜过长,否则蔗糖等有机物质会在高温下分解,使培养基变质,甚至难以凝固;也不宜过短,灭菌不彻底,引起培养基污染。灭菌后,应切断电源,使灭菌锅内的压力缓慢降下来,接近"0"时,才可打开放气阀,排出剩余蒸汽后,打开锅盖取出培养基。若切断电源后,急于取出培养基而打开放气阀,造成降压过快,使容器内外压差过大,液体溢出,造成浪费、污染,甚至危及人身安全。培养基体积不同,灭菌时间不同,具体参见表 1-1。

**表 1-1　培养基蒸汽灭菌需要的最少时间**

| 培养基的体积(mL) | 在 121℃灭菌所需要的最少时间(min) |
|---|---|
| 20～50 | 15 |
| 75 | 20 |
| 250～500 | 25 |
| 1 000 | 30 |
| 1 500 | 35 |
| 2 000 | 40 |

某些生长调节物质,如吲哚乙酸及某些维生素、抗生素、酶类等物质遇热不稳定,不能进行高压蒸汽灭菌,需要进行过滤灭菌。将这些溶液在无菌条件下,通过孔径大小为 0.20～0.45 μm 的生物滤膜后,就可达到灭菌目的,在无菌条件下将其加入到高压灭菌后温度下降到约 40℃的培养基中即可。

(2)用具的灭菌。培养皿、三角瓶、吸管等玻璃用具和解剖针、解剖刀、镊子等金属器具,均可用干热灭菌法。将清洗晾干后的用具用纸包好,放进电热烘干箱。当温度升至 100℃时,启动箱内鼓风机,使电热箱内的温度均匀。灭菌条件一般为 160～170℃灭菌 120 min 以上、170～180℃灭菌 60 min 以上或 250℃灭菌 45 min 以上,达到灭菌目的。由于干热灭菌能源消耗大,费时长,这一方法并不常用,常用高压蒸汽灭菌来代替,其灭菌原理见培养基的灭菌原理。有些类型的塑料用具也可进行高温消毒,如聚丙烯、聚甲基戊烯等可在 121℃下反复进行高压蒸汽灭菌。

用于无菌操作的用具除了进行高压蒸汽灭菌外,在接种过程中常常采用灼烧灭菌。准备接种前,将镊子、解剖刀等从 95％酒精中取出,置于酒精灯火焰上灼烧,借助酒精瞬间燃烧产生高热来达到杀菌的目的。操作中要反复浸泡、灼烧、放凉、使用,操作完毕后,用具应擦拭干净后再放置。

(3)植物材料的灭菌。由于不同植物及同一植物不同部位,有其不同的特点,它们对不同种类、不同浓度的消毒剂敏感反应也不同,所以开始都要对消毒剂的种类和消毒时间进行摸索实验,以达到最佳的消毒效果。选择适宜的消毒剂处理时,为了使其消毒效果更为彻底,有时还需要与黏着剂或润湿剂如吐温及抽气减压方法、磁力搅拌、超声振动等方法配合使用,使消毒剂能更好地渗入外植体内部,达到理想的消毒效果。常用消毒剂的特征如表 1-2 所示。

### 表 1-2　常用消毒剂

| 消毒剂 | 使用浓度 | 去除难易 | 消毒时间(min) | 消毒效果 | 有否毒害植物 |
|--------|----------|----------|----------------|----------|----------------|
| 次氯酸钙 | 9%～10% | 易 | 5～30 | 很好 | 低毒 |
| 次氯酸钠 | 2% | 易 | 5～30 | 很好 | 无 |
| 过氧化氢 | 10%～12% | 最易 | 5～15 | 好 | 无 |
| 硝酸银 | 1% | 较难 | 5～30 | 好 | 低毒 |
| 氯化汞 | 0.1%～1% | 较难 | 2～10 | 最好 | 剧毒 |
| 酒精 | 70%～75% | 易 | 0.2～2 | 好 | 有 |
| 抗生素 | 4～50 mg/L | 中 | 30～60 | 较好 | 低毒 |

外植体消毒的步骤如下所示:

外植体取材→自来水冲洗→70%酒精表面消毒(20～60 s)→无菌水冲洗→消毒剂处理→无菌水充分洗净→备用。

3.无菌操作技术:植物组织培养要求严格的无菌条件及无菌操作技术。无菌操作技术如下:

(1)无菌操作室或接种室除用甲醛和高锰酸钾定期熏蒸灭菌外,用70%的酒精喷雾(使灰尘迅速沉降),用紫外线灭菌 20 min 或更长,照射期间注意接种室的门窗要关严。为了保障操作人员的健康,在进入接种室前 15～20 min 关闭紫外灯。

(2)工作人员要经常洗头,洗澡,剪指甲,保持个人卫生清洁。接种前洗手,然后用 70%的酒精擦洗。

(3)接种前用 70%的酒精喷雾或擦洗工作台台面,用紫外灯照射 20 min,再送风 15～30 min。接种工具用 95%的酒精浸泡后在酒精灯上灼烧灭菌。

(4)接种时,要戴口罩,不准说话或对着植物材料或培养容器口呼吸。打开包塞纸或瓶塞时注意不要污染瓶口。瓶口可以在拔塞后或盖前灼烧灭菌。手不能接触接种器械的前半部分(即直接切割植物材料的部分),接种操作时(包括拧开或拧上培养瓶盖时),培养瓶、试管或三角瓶应水平放置或倾斜一定角度(45°以下),避免直立放置而增大污染机会。手和手臂应避免在培养基、植物材料、接种器械上方经过。在接种过程中,接种器械要重新灼烧灭菌。

(5)切割外植体时,应在预先经灭菌的培养皿、玻璃板、滤纸或牛皮纸上进行。

(6)在每次操作之前尽量把操作过程中必须使用器械和药品先放入台内,不要中途拿进。同时,台面上放置的东西也不宜太多,特别注意不要把东西迎面堆得太高,以致挡住气流。

## 三、提示注意

（1）规范无菌操作技术，养成良好的无菌操作习惯。

（2）对植物材料的灭菌，应针对不同的灭菌剂，摸索合适的灭菌时间以达到最佳灭菌效果。

## 四、思考题

（1）植物材料的灭菌效果和哪些因素有关？

（2）简述植物组织培养的无菌操作技术。

# 实验三　MS 培养基的配制

## 一、实验目的及意义

培养基(culture medium)为外植体的分化和生长提供营养物质和激素,是植物细胞组织培养中最主要的部分,应根据培养材料的种类和培养部位选取适宜的培养基。其中,MS 培养基是最常用的培养基之一,因此,本部分以 MS 培养基母液的配制和 MS 培养基的制备演示培养基的制备过程。

## 二、实验内容

1.准备工作:配制培养基所用的主要器具包括:不同型号的烧杯、容量瓶、移液管、滴管、玻璃棒、三角瓶、试管以及培养基分装器等。配制培养基前,要洗净备齐所用器具。配制培养基一般用蒸馏水或无离子水。化学药品应采用等级较高的化学纯 CP(三级)及分析纯 AR(二级),以免杂质对培养物造成不利影响。药品的称量及定容要准确,不同化学药品的称量需使用不同的药匙,避免药品的交叉污染与混杂。

2.MS 培养基母液的配制和保存:在配制培养基前,为了使用方便和用量准确,常常将大量元素、微量元素、铁盐、有机物类、激素类分别配制成比培养基配方需要量大若干倍(10 倍或 100 倍)的母液。当配制培养基时,只需要按预先计算好的量吸取一定体积的母液即可。

(1)大量元素母液的配制。无机盐中大量元素母液,按照培养基配方的用量,把各种化合物扩大 10 倍,分别用 50 mL 烧杯称量,用蒸馏水溶解,必要时加热。溶解后,倒入 1 000 mL 容量瓶中,最后用蒸馏水定容。在混合定容时,必须最后加入氯化钙,因为氯化钙与磷酸二氢钾能形成难溶于水的沉淀。将配好的混合液倒入细口试剂瓶中,贴好标签。配制培养基时,每配 1 000 mL 培养基,取大量元素母液 100 mL,如表 1-3 所示。

表 1-3　MS 培养基大量元素母液配制

| 化合物名称 | 每升培养基用量<br>（mg/L） | 扩大 10 倍称量<br>（g/L） | 备　注 |
|---|---|---|---|
| $NH_4NO_3$ | 1 650 | 16.5 | |
| $KNO_3$ | 1 900 | 19.0 | |
| $KH_2PO_4$ | 170 | 1.7 | 每升培养基取 |
| $MgSO_4 \cdot 7H_2O$ | 370 | 3.7 | 母液 100 mL |
| $CaCl_2 \cdot 2H_2O$ | 440 | 4.4 | |

（2）微量元素母液的配制。无机盐中微量元素母液，按照培养基配方的用量，把各种化合物扩大 100 倍，分别用 50 mL 烧杯称量，用蒸馏水溶解，必要时加热。溶解后，倒入 500 mL 容量瓶中，最后用蒸馏水定容，如表 1-4 所示。

表 1-4　MS 培养基微量元素母液配制　　　　　　　　mg/L

| 化合物名称 | 每升培养基用量 | 扩大 100 倍称量 | 备　注 |
|---|---|---|---|
| $MnSO_4 \cdot 4H_2O$ | 22.3 | 2 230 | |
| $ZnSO_4 \cdot 7H_2O$ | 8.6 | 860 | |
| $H_3BO_3$ | 6.2 | 620 | |
| KI | 0.83 | 83 | 每升培养基取 |
| $Na_2MoO_4 \cdot 2H_2O$ | 0.25 | 25 | 母液 10 mL |
| $CuSO_4 \cdot 5H_2O$ | 0.025 | 2.5 | |
| $CoCl_2 \cdot 6H_2O$ | 0.025 | 2.5 | |

（3）铁盐母液的配制。目前常用的铁盐是硫酸亚铁和乙二胺四乙酸二钠的螯合物，必须单独配成母液。这种螯合物使用起来方便，又比较稳定，不易发生沉淀。常常配成 200 倍母液，溶解时可加热，如表 1-5 所示。

表 1-5　铁盐母液配制

| 化合物名称 | 每升培养基用量<br>（mg/L） | 扩大 200 倍称量<br>（g/L） | 备　注 |
|---|---|---|---|
| $Na_2$ EDTA | 37.25 | 7.45 | 每升培养基取 |
| $FeSO_4 \cdot 7H_2O$ | 27.85 | 5.57 | 母液 5 mL |

（4）有机物母液的配制。MS 培养基中，有机物为甘氨酸、肌醇、烟酸、盐酸硫胺素（维生素 $B_1$）、盐酸吡哆醇（维生素 $B_6$），常常配成 1 000 倍或 100 倍母液。本

示范将有机物配成 100 倍母液,如表 1-6 所示。

表 1-6　MS 培养基有机物母液配制

| 化合物名称 | 每升培养基用量<br>(mg/L) | 扩大 100 倍称量<br>(mg/L) | 备　注 |
|---|---|---|---|
| 甘氨酸 | 2.0 | 200 | |
| 盐酸硫胺素(维生素 $B_1$) | 0.4 | 40 | |
| 盐酸吡哆醇(维生素 $B_6$) | 0.5 | 50 | 每升培养基取<br>母液 10 mL |
| 烟酸 | 0.5 | 50 | |
| 肌醇 | 100 | 10 000 | |

(5)植物生长调节剂(激素)母液的配制。配制生长素类,如 2,4-D、萘乙酸、吲哚乙酸等,应先用少量(1～2 mL)的 95% 的乙醇溶解,然后用蒸馏水定容;配制细胞分裂素时,先用少量的 1 mol/L HCl 或 1 mol/L NaOH 溶解,然后用蒸馏水定容。本实验中激素的母液浓度都为 1 mg/mL。以上各种母液必须用蒸馏水配制,然后保存在冰箱(4℃)中,一般可保存几个月,当发现沉淀或霉团时,则不能继续使用。配制好的母液应分别贴上标签,注明母液名称、配制倍数、日期。配好的母液最好在 2～4℃ 冰箱中贮存。贮存时间不宜过长,无机盐母液最好在 1 个月内用完,当母液中出现沉淀或霉菌时,则不能使用。

3. MS 培养基的配制与灭菌:

(1)培养基配方。

1)MS-1:MS 基本培养基＋1.0 mg/L 2,4-D＋0.1 mg/L KT＋8 g/L 琼脂(用于烟草叶片愈伤组织诱导和培养)。

2)MS-2:MS 基本培养基＋0.2 mg/L NAA＋1.0 mg/L KT＋8 g/L 琼脂(用于烟草的微繁殖)。

3)MS-3:MS 基本培养基＋1.0 mg/L 2,4-D(用于烟草细胞悬浮培养)。

(2) 以配制 1 L 培养基 MS-1、MS-2、MS-3 为例,简要介绍培养基的制备过程。

1)在烧杯或量杯中放入一定量的蒸馏水,根据用量,用量筒或移液枪从母液中取出所需量的大量元素、微量元素、铁盐、有机物质、激素(每配 1 L 培养基,取 100 mL 大量元素母液,10 mL 微量成分母液,5 mL 铁盐母液和 10 mL 有机成分母液;其中 MS-1 中加入 2,4-D 1.0 mL, KT 0.1 mL; MS-2 中加入 NAA 0.2 mL,KT 1.0 mL;MS-3 中加入 2,4-D 1.0 mL)。

2)加入蔗糖 30 g,加水定容至 1 L。

3)调节 pH 值:可用 pH 试纸或酸度计进行测量。若用酸度计测量,则应调节 pH 值后,再加入琼脂,因为琼脂主要作用是固化培养基,加入琼脂后再调 pH 值,会使酸度计灵敏度降低,使测量不准确。pH 试纸测量时,可以先加琼脂后再调 pH 值。常用 1 mol/L 的 HCl 或 NaOH 进行调整。

4)MS-1 和 MS-2 中加入琼脂 8 g,加热溶解:溶解过程中,要不断搅拌,以免造成浓度不均匀。在烧杯上可以盖上玻璃片或铝箔等,避免加热过程中水分蒸发。

5)培养基分装:已经配好的培养基,在琼脂没有凝固的情况下(约在 40℃ 时凝固),应尽快将其分装到试管、三角瓶等培养容器中。分装时要掌握好培养基的量,一般以占试管、三角瓶等培养容器的 1/4～1/3 为宜。分装时要注意不要将培养基沾到壁口,以免引起污染。

6)封口:分装后的培养基应尽快将容器口封住,以免培养基水分蒸发。

7)培养基灭菌:分装后的培养基封口后应尽快进行高压蒸汽灭菌。高压蒸汽灭菌锅的温度为 121℃,灭菌 15～20 min,具体灭菌方法见上述。

8)培养基存放:经过高压灭菌的培养基取出后,根据需要可直立或倾斜放置。注意在培养基凝固过程中,不要移动容器,待完全凝固后再进行转移。灭菌后的培养基不要马上使用,预培养 3 d 后,若没有被菌污染,才可使用,否则会由于灭菌不彻底或封口材料破损等原因,造成培养材料的损失。

配制好的培养基应放在洁净、无灰尘、遮光的环境中进行贮存。贮存时间避免环境温度大幅度地变化,以免夹杂着细菌、真菌的灰尘在接种时随着气流进入容器,造成培养基的污染。一般情况下,配制好的培养基应在 2 周内用完,含有生长调节物质的培养基最好能在 4℃ 低温保存,效果更理想。

## 三、提示注意

(1)定期检查母液,若发现其中有沉淀和霉菌,应立即停止使用,重新配制新的母液。

(2)对于由细菌或霉菌污染的培养基及培养材料,应经高压锅灭菌后再进行清理,防止污染在无菌室内扩散。

## 四、思考题

(1)根据以下所给母液浓度、蔗糖和琼脂量,配制培养基,计算各种母液吸取量或药品的直接称量量。

| 药品名称 | 母液倍数或母液浓度 | 配制 1 L 培养基所需母液量(mL)或直接称量量(g) | 配制 0.25 L 培养基所需母液量(mL)或直接称量量(g) | | |
|---|---|---|---|---|---|
| | | | MS-1 | MS-2 | MS-3 |
| 大量元素 | 10 倍液 | | | | |
| 微量元素 | 100 倍液 | | | | |
| 铁盐 | 200 倍液 | | | | |
| 有机物质 | 100 倍液 | | | | |
| 2,4-D | 1.0 mg/mL | | | — | |
| NAA | 1.0 mg/mL | | — | | — |
| KT | 1.0 mg/mL | | | | — |
| 蔗糖 | | 30 | | | |
| 琼脂 | | 8 | | | — |
| pH 值 | | 6.0 | | | |

　　(2)简述高压蒸汽灭菌的步骤;培养基采用高压蒸汽灭菌应注意哪些事项?

# 第二章
# 植物组织器官培养

第三章

植物细胞器显微操作

# 实验一　番茄离体根培养技术

## 一、实验目的及意义

根的培养多用来研究根系生理代谢、器官分化及形态建成。根细胞培养物还可以进行诱变处理,从而筛选出突变体,应用于植物育种。因此,离体根培养的理论与实践研究是植物器官离体培养的重要内容。离体根的营养需要与大多数植物组织培养要求大体上相符,但也有特别之处。例如,碘和硼对于番茄离体根的生长很重要,缺乏这两种微量元素时,就会阻碍离体根的生长。通过本实验,学生可以了解番茄离体根培养技术,对于植物的器官培养有一定的了解。

## 二、实验原理

在自然的情况下,根主要为植物吸收和固定的重要器官。同时,有些植物的根亦具有繁殖的功能。植物根生长快、代谢能力强、变异小,使得其在研究根的营养吸收、生长和代谢的变化规律、器官分化、形态建成规律等方面具有重大的理论与实践意义。

依据植物细胞全能性原理,即指任何具有完整细胞核的细胞(动物、植物等),都拥有形成一个完整个体所必需的全部遗传信息(DNA)。就番茄根系细胞来说,同样具有形成完整再生植株的能力。这种由单个根衍生而来并经继代培养而保存的,在遗传上具有一致的根的培养物,称为离体根的无性系。利用这些离体根的无性系可以进行器官再生体系、苗木无性系快速繁殖和其他方面的实验研究。

## 三、实验仪器与药品

1.玻璃仪器:灭菌的 100 mL 烧杯若干,150 mL 或 200 mL 培养瓶若干,灭菌培养皿若干。

2.设备和用具:设备包括超净工作台,电磁炉,高压灭菌锅,pH 计(或 0～

14 pH 试纸),0.1 g 托盘天平,0.01g 和 0.000 1 g 分析天平;用具包括枪式镊子,手术刀,搪瓷锅(或 1 000 mL 烧杯),酒精灯,酒精棉球,烧杯,吸管等。

3.培养基:MS 基本培养基(用于种子培养获得无菌实生苗)。改良培养基,配方见表 2-1。与 White 培养基相比,改良培养基降低了大量元素的浓度,但增加了甘氨酸和烟酸的用量,盐酸硫胺素(维生素 $B_1$)和盐酸吡哆醇(维生素 $B_6$)对离体根培养的作用明显。

表 2-1　番茄离体根培养基成分　　　　　　　　　　　mg/L

| 化合物名称 | 用量 | 化合物名称 | 用量 |
|---|---|---|---|
| $Ca(NO_3)_2$ | 143.90 | KI | 0.38 |
| $Na_2SO_4$ | 100.00 | $CuSO_4$ | 0.002 |
| KCl | 40.00 | $MoO_3$ | 0.001 |
| $NaH_2PO_4 \cdot H_2O$ | 10.60 | 甘氨酸 | 4.00 |
| $MgSO_4 \cdot 7H_2O$ | 368.50 | 烟酸 | 0.75 |
| $MnSO_4 \cdot 4H_2O$ | 3.35 | 维生素 $B_1$ | 0.10 |
| $Fe(C_6H_5O_7) \cdot 3H_2O$ | 2.25 | 维生素 $B_6$ | 0.10 |
| $ZnSO_4 \cdot 7H_2O$ | 1.34 | 蔗糖 | 15 000 |
| $H_3BO_3$ | 0.75 | pH 值 | 5.2 |

注:引自潘瑞炽主编.《植物组织培养》(第二版).广东高等教育出版社,2001.

4.消毒剂等其他试剂:70%酒精,无菌水,蒸馏水或去离子水,饱和漂白粉溶液或 0.1%升汞或 2%次氯酸钠溶液,工业酒精。

## 四、实验材料

番茄种子,将番茄种子接种在 $MS_0$ 培养基(无激素 MS 培养基)中而产生的无菌实生苗的根或生长在保护地(或露地)番茄的根。

## 五、操作步骤与方法

### (一)番茄离体根培养的基本步骤

1.基本培养基的选择:离体根的培养要求培养基中应具备植物生长所需要的大量元素、微量元素和有机物质等。不同种类以及不同状态的离体根生长时对营养的需要是不同的,离体根培养所用的培养基多为无机盐浓度较低的 White、$N_6$ 等培养基,其他常用的培养基如 1/2 MS,$B_5$ 等也可采用,但大量元素一般将其浓度稀释到 2/3 或 1/2,以降低培养基中的无机盐浓度。

2.离体根培养的外植体的选择:选择和确定合适的外植体是进行离体根培养的基础,而根是受到植物种类限制的,因此必须分析不同植物类型的根离体生长状况,寻找确定满足培养目的的植物离体根。因此,在生产实践中必须选取最易实现离体根发生的植物种类,使用离体根组织培养的方法开展植物繁殖的工作,同时在组织培养中通过观察、分析、比较最终确定最适合的植物类型,以利于降低生产成本。不同植物、不同基因型、同一植物不同部位和不同年龄对根的发生都有影响。一般情况下,木本植物比草本植物难、成年树比幼年树难、乔木比灌木难。不同植物的根在培养过程中的反应不同:具有大量强壮的侧根的植物,例如番茄、烟草、马铃薯、黑麦、小麦、三叶草和曼陀罗等,这些材料在培养中可进行连续继代培养而无限生长;有些植物,例如向日葵、萝卜、芥菜、旋花、豌豆、百合、矮牵牛等的根能进行较长时间的培养,但由于只长出稀疏的侧根以致于常常失去生长能力;有些植物,例如一些木本植物的离体根则很难生长。

为获取适合离体培养的根外植体,可以采用两种方法:一是对所选取的植物种子采用饱和漂白粉或过氧化氢等消毒剂进行表面消毒,接种到 MS 无激素培养基($MS_0$)上,在无菌条件下萌发,待根伸长后切取根段作为外植体,也就是采用无菌苗的根作为培养材料;二是选择自然生长的生长良好的植物根。

3.离体根的消毒和接种:在离体根培养中,首先要解决外植体消毒问题,因为在自然条件下,根生长在土壤中,要进行彻底的表面消毒是比较困难的。为获取适合离体培养的根外植体,也可以采用根的无性繁殖系。根无性繁殖系的建立同样也有两种方法:一是来自无菌种子发芽产生的幼根切段,二是植株根系经灭菌处理后的切段。

4.愈伤组织形成及植株再生:在根形成愈伤组织的过程中,需指出一点的是,愈伤组织如果先形成根则往往抑制芽的形成。离体根的发生是以不定根方式进行的。不定根的形成可分为两个阶段,即根原基的形成和根原基的伸长及生长。根原基的启动和形成约历时 48 h,包括三次细胞分裂,即第一次和第二次的细胞横分裂及第三次的细胞纵分裂,然后是细胞快速伸长阶段,需 24~48 h,生长素可以促进细胞横分裂。因此,根原基的形成与生长素有关,根原基的伸长和生长则可在无外源激素下实现。一般从诱导到不定根出现的时间,快的植物种类需 3~4 d,慢的植物种类需 3~4 周。

### (二)番茄离体根培养的具体步骤

离体根脱离植物个体,在人工控制的环境与营养条件下生长,在试管内受到基因型、培养条件、激素等诸多因素的影响,番茄离体根培养具体步骤如下:

(1)以番茄无菌实生苗根为外植体进行根培养的操作过程。

1)将番茄种子放入 100 mL 烧杯中,用蒸馏水冲洗 3 遍。

2)在超净工作台内无菌条件下,用已灭菌的镊子将种子转移到无菌 100 mL 烧杯内,倒入 70%酒精,酒精没过种子即可,将番茄种子表面消毒 30 s。

3)倒出酒精,倒入饱和漂白粉溶液消毒 10 min,或 0.1%～0.2%升汞中 5～10 min,在消毒过程中不断摇动,以使其充分消毒,弃去消毒液。用无菌水冲洗 5 次。

4)将种子转移到带有无菌滤纸的培养皿中,除去多余水分,在无菌条件下将种子放入盛有 MS 基本培养基的三角瓶或培养皿中。

5)种子在无菌条件下萌发,待根伸长后从根尖一端切取长 1.0 cm 的根尖,接种于培养基中(表 2-1)。这些根的培养物生长很快。番茄根每天约生长 1 cm,几天后发育出侧根。培养 4 d 有侧根发生,7～10 d 后又可以切下侧根的根尖作为新的培养材料再进行扩大培养。在固体培养基暗培养条件下,培养条件为暗培养,25～27℃。

6)待侧根生长约 1 周后,即可切取侧根的根尖进行扩大培养,它们又迅速生长并长出侧根,又可切下进行培养,如此反复,就可得到从单个根尖衍生而来的离体根的无性系。

7)再将根段的无性系转移到分化培养基上进行分化培养,培养基添加不同浓度的生长素和细胞分裂素。

(2)选择正常生长的植物根,由于其生长在土壤中,首先要用自来水充分洗涤,对于较大的根应该用软毛刷刷洗,要尽量选用无病虫害根系,用刀切去受损伤部位,用滤纸吸干后进行消毒。先用 70%酒精漂洗,然后放在 0.1%～0.2%升汞中浸 5～10 min 或放在 2%次氯酸钠溶液中浸 10～15 min,再用无菌水冲洗 5 次,冲洗后用无菌纸吸干,并在无菌条件下切下根尖进行培养。

将上述任一方法获取的根尖接种于培养基中,几天后发育出侧根,并待侧根生长 1 周后,即可取侧根的根尖进行扩大培养,它们会迅速生长并长出侧根,又可切下侧根进行培养,如此反复,每隔 7～10 d 继代一次,就可得到从单个根尖而来的根的无性繁殖系。也可以切割根段使其增殖,形成主根和侧根来获得离体根的无性繁殖系。

## 六、提示注意

1.不同氮源种类及微量元素对离体根培养的影响:用硝酸盐(硝态氮)为氮源时,根的重量最重、长度最长,效果最好。加入含各种氨基酸的水解酪蛋白,能促进离体根的生长。离体根的培养同样需要微量元素,主要包括铁、硫、锰、硼和碘等元素,在离体根的培养中所需的量很少,但其影响很大,与土壤栽培一样,缺少微量元素就会在培养过程中出现各种缺素症。

2.离体根培养的 pH 适宜范围:由于培养材料基因型和培养基组成的不同,离体根培养一般的 pH 范围为 5~6。但培养基成分对最适的 pH 有一定的影响,如番茄根的培养用 $Fe_2(SO_4)_3$ 和 $FeCl_3$ 时,pH 超过 5.2 时根的生长就很差,但用螯合铁时,pH 到 7.2 时根的生长也不受影响。这是因为以 $Fe_2(SO_4)_3$ 和 $FeCl_3$ 为铁源时,当 pH 为中性时,铁离子成为不溶性的氧化物而沉淀,造成铁供应不足而影响根的生长,而螯合铁为有机盐,不会产生沉淀现象。

3.光照和温度:光照时间和强度对离体根发生和生长有一定影响。一般认为,黑暗有利于根的形成,如将苹果根诱导的愈伤组织放到生根培养基中进行暗培养,愈伤组织可再生不定根;但对毛白杨根继代培养时却发现,光照时间对发根率和根生长量影响不明显,说明植物生根所需的光照时间是不一致的。生根所需温度一般在 16~25℃,但不同植物生根的最适温度不同。

## 七、思考题

(1)植物离体根培养的意义是什么?

(2)简述离体根培养的基本步骤和方法。

(3)离体根培养应该注意哪些问题?

# 实验二　菊花花器官培养技术

## 一、实验目的及意义

　　菊花($Dendranthema\ morifolium$)是菊科菊属的多年生宿根草本植物,是我国的传统名花和世界四大切花之一。花器细胞的再生能力较强,是研究细胞形态发生的好材料,也可用于花的性别决定研究。离体花芽培养,有助于了解整体植物和内外源激素在花芽性别决定中所起的作用,从而人为地控制性别分化,并用于果实和种子发育研究。花器官培养中的花药培养可以用作单倍体育种,子房培养可用于果实发育的研究。因此,花器官培养无论在理论研究和生产应用上都有重要价值。

## 二、实验原理

　　花器官培养是指整个花器及其组成部分如花托、花瓣、花丝、花柄、子房、花茎和花药等器官的无菌培养。植物的花是生殖器官之一,通常花由不育的和能育的两部分组成。不育的部分是花萼、花瓣;能育的部分是雄蕊和雌蕊。而花的各部分均可用作离体培养材料,以获得试管再生植株。就菊花组织培养来说,依据不同的培养目的,可以采用不同的外植体、不同的基本培养基和添加不同的激素。

## 三、实验仪器与药品

　　1.玻璃仪器:不同规格的棕色和无色广口瓶(用于存放培养基母液),用于灭菌的 100 mL 烧杯若干,150 mL 或 200 mL 培养瓶若干,试管,灭菌培养皿若干,量筒(量取培养基母液等),容量瓶(配制和存放培养基母液),不同规格的移液管。

　　2.设备和用具:仪器设备包括超净工作台,冰箱,微波炉或恒温水浴,抽滤灭菌装置,电磁炉,高压灭菌锅,pH 计(或 0～14 pH 试纸),0.1 g 托盘天平,0.01 g 和 0.000 1 g 分析天平。用具包括枪式镊子,手术剪,手术刀,搪瓷锅(或 1 000 mL 烧杯),酒精灯,酒精棉球,吸管等。

3. 所需培养基:MS 培养基。

4. 消毒剂等其他试剂:70%酒精,饱和漂白粉溶液,2%次氯酸钠溶液,无菌水,工业酒精(用于酒精灯),6-BA,NAA 溶液。

## 四、实验材料

选取生长健壮、无病虫害的植株,采集尚未完全开放的菊花死亡花蕾,以花瓣和花托为材料。

## 五、操作步骤与方法

### (一)花器官培养的一般程序

1. 培养基及培养条件:适于菊花组织培养的培养基种类很多,如 White、$B_5$、$N_6$,Morel,MS 等,现在大多采用 MS 培养基。菊花培养适宜的温度范围以 22~26℃最好。每天光照 12~16 h。添加各种激素进行培养。光照强度一般为 30~55 $\mu mol/(m^2 \cdot s)$。

2. 取材和消毒:花器官培养在取材时应注意选取生长健壮、无病虫害植株,无论是进行花瓣、花序轴、花丝、花药、花粉、子房和花柱等花器官的培养,都要对整个花蕾(花朵)消毒。

3. 接种培养:用整个花蕾培养时,只要把花梗插入固体培养基中即可。若用花器的某个部分,则分别取下,切成 0.3~0.5 cm 的小片,接种到培养基中,放到培养室内培养。

4. 愈伤组织诱导及分化:菊花组织培养的发生途径主要有不定芽途径和愈伤组织再生(器官发生)途径。分化培养基可以和愈伤组织诱导培养基相同,但也可能是激素浓度有所改变的培养基。

5. 试管苗生根和移栽:菊花试管苗生根和移栽一般较容易。

### (二)菊花花瓣培养技术

1. 外植体采集、消毒和接种:在菊花开花前 3~4 d 将已露白的花蕾(采集尚未开放的幼小花蕾)剪下,先用清水冲洗干净,然后放入 70%酒精中浸 10~20 s,接着依据材料的幼嫩程度,用 2%次氯酸钠消毒 10~15 min,再用无菌水冲洗 4~6 次。放在无菌滤纸中吸干水分。将尚未开放的幼小花蕾剥去苞片,取出幼嫩花瓣用解剖刀切成 5 mm² 小块,接种后置于温度 25℃左右、光照强度 40 $\mu$mol/(m² · s)、每天照光 12 h 的条件下培养。

2. 愈伤组织的诱导:愈伤组织诱导采用 MS+2～3 mg/L 6-BA+1 mg/L NAA 为基本培养基,每瓶接种 3～5 片。花瓣培养 10 d 左右时,开始产生愈伤组织。

3. 分化培养:菊花花瓣培养的苗分化途径有以下 3 条。

(1)直接成苗。在培养基中添加高水平的细胞分裂素和高水平的生长素配合,可以一次诱导成苗。

(2)经过胚状体途径成苗。有些品种在愈伤组织生长到 30 d 左右,在添加 2 mg/L BA+1 mg/L NAA 的 MS 培养基上,表面可出现大量绿色圆粒状物,即分化形成了胚状体,称为体细胞胚(无性胚),胚状体数量大、成苗多。生长到 40～50 d 后则可见到大量的胚状体产生的再生植株。

(3)经愈伤组织再分化成苗。有些愈伤组织还需转移到分化培养基中,将愈伤组织切成 5 mm 大小接入,经过 20～30 d 培养,才能诱导分化得到花瓣苗。分化培养基降低生长素浓度或提高细胞分裂素的浓度,即将形成的愈伤组织转移到 MS+3 mg/L BA+0.01 mg/L NAA 的分化培养基上培养,可再分化出不定芽。

4. 生根:菊花试管苗生根一般较容易。生根有两种方法:

(1)试管苗培养基生根。切取具 4～5 片叶子的 2～3 cm 无根嫩茎,接种到 MS+0.3 mg/L NAA 生根培养基上,生根培养一般 1 周左右开始生根,从而得到完整植株。

(2)试管苗直接扦插生根。为简化培养程序,缩短成苗时间和降低生产成本,直接剪取 3 cm 左右的无根苗,扦插到用促生根溶液(生长素或生根粉)浸透的珍珠岩或蛭石中,直接扦插生根要求介质疏松通气,扦插后遮阳,10 d 后生根率达 95%～100%。

5. 移栽及管理方法:湿度对幼苗成活率极为重要,开始几天必须保持空气相对湿度 90%以上。移栽 10 d 内,应适当遮阳,避免阳光直射,并注意少量通风,温度最好保持在 25～28℃。

### (三)菊花花托培养技术

1. 材料的选择和消毒:选用具有该品种典型特征的、饱满充实的花蕾,先从母株上取下还未开放的花蕾,在清水及蒸馏水中冲洗,用 70%酒精表面消毒 30 s,再在饱和漂白粉溶液中消毒 20 min 左右,取出后用无菌水冲洗 3～4 次。

2. 接种培养及植株再生:用镊子把花蕾上的萼片、花瓣、雌蕊和雄蕊去掉,并切下花托接种于 MS+2 mg/L 6-BA+0.2 mg/L NAA 的培养基上,然后培养在温度为 26℃左右,光照强度为 30 $\mu$mol/(m$^2$ · s),光照时间为 10 h 的培养室内。约 2 周后即可形成少量愈伤组织,约 1 个月便分化出绿色芽点,并抽茎展叶长大成苗。将无根苗从愈伤组织基部切下移植到生根培养基中,3 周后就能长成完整的植株。

## 六、提示注意

1.培养苗木的玻璃化现象:随着继代培养次数的增加,可能会出现苗木玻璃化的现象。玻璃化的植株呈半透明水渍状,叶脆弱,容易破碎。玻璃化苗光合作用差,幼苗的成活率低。可以通过改变培养条件克服玻璃化。

2.花瓣苗的变异和利用:花瓣培养成菊花植株,在叶片、花朵等诸方面都发生变异,对花卉来讲是十分有益的,可能选出变异的珍贵品种。

## 七、思考题

(1)花器官培养的意义是什么?

(2)简述花器官培养的一般程序。

(3)菊花花瓣培养的具体方法有哪些?

# 实验三　小麦胚培养技术

## 一、实验目的及意义

小麦(*Triticum aestivum*)是重要的粮食作物之一,为禾本科小麦族(*Triticeae*)小麦属(*Triticum*)。小麦的胚培养除可以进行一般的植株再生外,通过幼胚培养还可以打破种子休眠,促使休眠的种子萌发成苗、缩短育种周期。同时还可以用作种子生活力的快速测定。胚培养还可以用于幼胚的挽救,利用幼胚离体培养技术,可以排除无性珠心胚的干扰,获得杂种胚,从而提高杂交育种效率。

## 二、实验原理

胚培养(embryo culture)属于胚胎培养的范畴,胚胎培养包括离体胚培养、胚珠培养、子房培养和胚乳培养等。离体胚培养可分为幼胚培养和成熟胚培养。幼胚培养是指子叶期以前的具胚结构的幼小的胚培养。幼胚人工离体培养技术的发展,对于遗传学研究和育种学研究有极重要的指导意义。

高等植物的合子胚发育过程大体是:由合子形成球形胚、心形胚、鱼雷形胚、子叶形胚,最后形成结构完整的种子,合适条件下即可萌发成苗。正常的离体胚在适宜条件下可以按照上述发育过程形成幼苗。离体培养中,幼胚和成熟胚的成苗途径和所需营养条件也不太一样。幼胚指的是尚未成熟发育早期的胚,它较成熟胚难培养,要求的技术和条件也较高,关键是维持胚性生长,以保证离体幼胚能沿着胚胎发生的途径发育。

幼胚从生理至形态上远未成熟,其胚胎发育要求更为完全的人工合成培养基,而且剥离技术要求很高,所以离体培养难度大。一般胚龄越大,成功率越高;相反,胚龄越小,成功率越低。培养幼胚,需要比较复杂的培养基成分,选择合适的基本培养基是首要条件之一。

成熟胚生长不依赖胚乳的贮藏营养,只要提供合适的生长条件及打破休眠,它就可在比较简单的培养基上萌发生长,形成幼苗。所以,培养基只需含大量元素的无机盐和糖即可。成熟胚培养将果实或种子(带种皮)用药剂进行表面消毒,剥取种胚接种于培养基上,在人工控制条件下即可发育成完整植株。

## 三、实验仪器与药品

1.玻璃仪器:不同规格的棕色和无色广口瓶(用于存放培养基母液),用于灭菌的 100 mL 烧杯若干,150 mL 或 200 mL 培养瓶若干,试管,灭菌培养皿若干,量筒(量取培养基母液等),容量瓶(配制和存放培养基母液),不同规格的移液管。

2.设备和用具:仪器设备包括超净工作台,冰箱,微波炉或恒温水浴,抽滤灭菌装置或一次性滤膜过滤器,电磁炉,高压灭菌锅,pH 计(或 0~14 pH 试纸),0.1 g 托盘天平,0.01 g 和 0.000 1 g 分析天平。用具包括枪式镊子,手术剪,手术刀(尖头),搪瓷锅(或 1 000 mL 烧杯),酒精灯,酒精棉球,吸管,烧杯等。

3.所需培养基:基本培养基为 $N_6$ 固体培养基。

4.消毒剂等其他试剂:70%酒精,2%次氯酸钠溶液或 0.1%的升汞($HgCl_2$)溶液,无菌水,工业酒精(用于酒精灯),多效唑($PP_{333}$),2,4-D、KT 和 NAA 溶液。

## 四、实验材料

种在田间或温室授粉后的小麦植株。

## 五、操作步骤与方法

### (一)幼胚培养的一般程序

1.幼胚的分离:灭菌后的材料在无菌条件下切开子房壁,用镊子取出胚珠,剥离珠被,取出完整的幼胚,放到培养基上进行培养。

2.幼胚的培养:依据幼胚对营养的需要,可以把幼胚在培养基中的发育分为两个时期。一为异养期,即幼胚由胚乳及周围的组织提供养分;二为自养期,此时的胚已能在基本的无机盐和蔗糖培养基上生长。胚由异养转入自养是其发育的关键时期,这个时期出现的早晚因物种而异。

### (二)小麦幼胚培养方法

(1)在麦穗中部小花授粉后 12~16 d 的小麦植株上剪下麦穗,带回实验室。将发育中的麦粒从颖壳中逐粒剥出,置于已消毒的 100 mL 的烧杯中;将其中过于幼嫩的乳白色麦粒和授粉后时间过长的翠绿色麦粒淘汰,只保留授粉后刚刚由白转绿的麦粒(其中幼胚 $1\sim2$ mm 长)。

(2)将烧杯中的供试麦粒在超净台工作台上用 $70\%$ 的酒精表面消毒 $10$ s,弃去酒精,再用 $0.1\%$ $HgCl_2$ 消毒 $5\sim8$ min,弃去消毒液,然后用无菌蒸馏水冲洗 $5$ 次,即可用于胚的分离和培养。

(3)无菌条件下用镊子由种子的一端挑出未成熟胚,具盾片、长度小于 $2$ mm 的幼胚,以盾片一面朝上,接种在愈伤组织诱导培养基上,并用镊子轻压幼胚,使之与培养基紧密接触。

(4)将已接种未成熟胚的三角瓶放到培养箱内,温度设定在 $(28\pm2)$℃,散射光[时间 $14$ h/d、光强 $20$ $\mu$mol/($m^2\cdot$s)]或黑暗条件下培养。

(5)1 周后观察接种的幼胚,可见盾片上已开始形成少量的愈伤组织。$3\sim4$ 周后愈伤组织已很明显。在光照培养条件下,个别愈伤组织上可能呈现绿色。此时可进行第一次继代培养,待愈伤组织长大到直径 $1$ mm 以上时,转移到 $N_6+$ $2$ mg/L 2,4-D$+5\%$ 蔗糖的培养基上进行继代培养,每隔 $20\sim30$ d 继代一次。

(6)当需要分化时,将愈伤组织转接到分化培养基 $N_6+0.2$ mg/L NAA$+$ $0.5$ mg/L KT 的培养基上,产生不定芽植株。每天 $14$ h 光照条件下培养。光照强度为 $30\sim40$ $\mu$mol/($m^2\cdot$s)。

(7)$2\sim3$ 周后愈伤组织上的绿色部分分化出茎叶。然而,这时的再生植株还很弱小,不能移栽,需要先将它们转入不含激素但添加了 $3$ mg/L 多效唑($PP_{333}$)的培养基中,继代 $1\sim2$ 次,进行壮苗。

(8)将植株转移到无激素的 $N_6$ 培养基上诱导生根。

(9)当根系长到 $1\sim2$ cm 时,开瓶炼苗 $3\sim5$ d,然后洗净试管苗根上附着的培养基,栽于基质内,可以采用蛭石$+$草炭($1:1$),也可以采用珍珠岩和砂子等栽培基质。移栽后 $1\sim2$ 周内应避免阳光直晒。保持温度在 $26$℃左右,保持湿度,注意通风。在秋季或早春移入田间或温室栽培。

**(三)成熟胚的培养**

1.外植体消毒与接种:首先对小麦种子用 $70\%$ 的乙醇消毒 $1$ min,再用 $2\%$ 次氯酸钠对小麦种子进行消毒 $15$ min,用无菌水冲洗 $4$ 次。表面消毒后把种子放到培养皿中,用解剖刀和镊子把胚剥离出来,直接放到培养基上进行培养。

2.培养基:成熟胚由于具有较多的营养积累,形态上已有胚根和胚芽的分化,故对培养基条件要求不高,萌发成苗相对容易,要求培养基的成分相对简单。由于外植体的差异,某些成熟胚的培养需要成分相对复杂的培养基。

## 六、提示注意

1. 光照对胚培养的影响：由于胚在胚珠内的发育是不见光的，所以一般认为在黑暗或弱光下培养幼胚比较适宜，光对胚胎发育有轻微的抑制作用。离体培养条件下进一步发育的幼胚对光的需求，因植物种类而异。

2. 碳水化合物在胚培养中的作用：成熟胚在含 2% 蔗糖的培养基中就能很好生长；在幼胚培养中，蔗糖是效果最好的碳源之一，调节渗透压对幼胚培养尤其重要。因为在自然条件下，原胚是被具高渗透压的胚乳液所包围，离体培养后，幼胚若移植于低渗透压的培养基中，常常造成幼胚生长停顿，出现早熟萌发现象，导致幼苗畸形和死亡。因此，胚龄越小，要求的渗透压（糖浓度）越高。随着培养时间的增加，胚龄的增长，要求介质中渗透压逐渐降低，如原胚培养的蔗糖浓度一般为 8%～12%。胚的年龄越小，需要的蔗糖浓度越高，最高可达 18%。另外，在培养过程中，随培养时间增加，必须把胚转移到蔗糖水平逐步降低的培养基上。

3. 植物激素对胚培养的影响：植物离体胚培养中，外源植物激素添加不当，可能改变胚胎发育的方向，或对胚的生长表现出抑制作用。幼小的胚在离体培养时，多数情况下可以脱分化形成愈伤组织。造成这种现象的主要原因是培养基的成分，特别是在附加的植物激素浓度较高时更为常见。用此愈伤组织的材料可以进行器官分化的研究，将之转移至分化培养基上，会产生器官分化，可分化出胚状体或不定芽。这种由胚而形成的胚性愈伤组织可以作为获得原生质体的良好材料。幼胚培养的关键问题是应该使加入的生长调节物质和植物内源激素间保持某种平衡，以维持幼胚的胚性生长。如果激素浓度低，不能促进幼胚生长；激素浓度过高，幼胚发生脱分化而影响其正常发育，形成愈伤组织，并由此再分化形成胚状体或芽。成熟胚一般不需要外源激素即可萌发，对休眠种胚，激素对启动萌发是非常必要的。

4. 幼胚培养过程中的早熟萌发：幼胚离体培养的一种特殊情况，即不是促进胚正常发育成熟形成幼苗，而是以幼小的胚的形态早熟萌发形成畸形苗。这种苗虽然根、茎、叶俱全，但由于子叶中几乎无营养积累而极端瘦弱，最终不能正常发育而死亡。胚培养过程中，适当调整培养基配方可以防止幼胚的早熟萌发。

5. 幼胚胚柄在胚培养中的作用：胚柄长在原胚的胚根一端，是一个过渡性的结构。胚柄既小又易受损伤，很难把它与胚一起剥离出来，因而在一般情况下培养的胚都不具完整的胚柄。有些研究指出，在培养中胚柄的存在对于幼胚的存活是个关键因素。和无胚柄的胚培养相比，若胚柄完整地连在胚上，或虽与胚分离但在培养基上与胚紧紧相靠,则会显著刺激胚的进一步发育。

6.杂种幼胚的胚乳看护培养:如果胚的夭折发生在发育的极早期,由于人工培养基很难取代天然胚乳的作用,因此,拯救杂种仍会遇到很大困难,在这种情况下,则可尝试胚乳看护培养法,则可显著提高幼胚的成活率。即在未成熟胚离体培养时,在其周围培养基上放置来自同一物种另一种子的离体胚乳,对胚的生长会有一定的促进作用。

## 七、思考题

(1)幼胚培养的意义是什么?

(2)简述小麦幼胚培养的具体方法。

(3)影响幼胚培养的主要因素有哪些?

# 实验四  苹果胚乳培养技术

## 一、实验目的及意义

苹果属蔷薇科（*Rosaceae*）苹果属（*Malus* Mill.）。苹果是落叶果树中主要栽培的树种，也是世界上果树栽培面积较广、产量较高的树种之一。被子植物的胚乳是双受精的产物之一，是三倍体组织，三倍体的胚乳细胞经器官发生途径可以形成三倍体植株。利用胚乳培养培育无籽果实，对于园艺植物来讲这是一个良好的育种途径，具有重要的应用价值。通过本实验了解苹果胚乳培养的过程。

## 二、实验原理

胚乳培养（endosperm culture）是指将胚乳组织从母体上分离出来，通过离体培养，使其发育成完整植株的技术。胚乳组织是贮藏养料的场所。在自然条件下，胚乳细胞以淀粉、蛋白质和脂类的形式贮存着大量的营养物质，以供胚胎发育和种子萌发的需要。因此，胚乳培养也为研究这些产物的生物合成及其代谢提供了一个很好的实验系统。

被子植物的胚乳组织或其所形成的愈伤组织具有潜在的器官分化能力，只要给以一定的合适条件，由胚乳形成的愈伤组织经过诱导就可以形成芽、根等器官，并形成完整植物，证明了胚乳细胞的"全能性"。这也为诱导形成三倍体植物找到了一条新的途径。

## 三、实验仪器与药品

1. 玻璃仪器：不同规格的棕色和无色广口瓶（用于存放培养基母液），用于灭菌的 100 mL 烧杯若干，150 mL 或 200 mL 培养瓶若干，试管，灭菌培养皿若干，量筒（量取培养基母液等），容量瓶（配制和存放培养基母液），不同规格的移液管。

2. 设备和用具：仪器设备包括超净工作台，冰箱，微波炉或恒温水浴，抽滤灭菌装置，电磁炉，高压灭菌锅，pH 计（或 0～14 pH 试纸），0.1 g 托盘天平，0.01 g 和

0.000 1 g 分析天平。用具包括枪式镊子,手术剪,手术刀,搪瓷锅(或 1 000 mL 烧杯),酒精灯,酒精棉球,吸管,烧杯等。

3.所需培养基:MS 培养基。

4.消毒剂等其他试剂:70%酒精,2%次氯酸钠溶液,无菌水,工业酒精(用于酒精灯),水解酪蛋白(CH),6-BA,NAA,2,4-D 溶液。

## 四、实验材料

苹果幼果。

## 五、操作步骤与方法

### (一)胚乳培养的取材和消毒

胚乳培养的关键环节是要选择合适的发育时期以获得成功。许多胚乳培养的实践已证实,游离核型期材料难以培养,而细胞型期的材料则易于成功。而种子发育后期,处在消失中的胚乳产生愈伤组织的频率极低。不同植物胚乳培养的合适时期,必须通过实验观测予以确定。

苹果胚乳培养应在胚乳已成为细胞组织并充分生长,北京地区为 5 月下旬到 6 月上旬,此期幼胚的各种器官分化已经完成但生长缓慢,苹果(金冠)胚乳和胚发育的 3 个阶段见图 2-1。当苹果开花授粉后 25 d 左右,采集幼果用 70%酒精表面灭菌,再以蒸馏水冲洗 1~2 次,用 2%次氯酸钠灭菌 20~30 min,无菌水清洗 3~4 次。接种时在无菌条件下切开幼果,在解剖镜下取出种子,在超净台上用镊子和解剖针将胚切去,留下胚乳,并将胚乳接种在诱导愈伤组织的培养基上。

### (二)胚乳愈伤组织的诱导

通常使用的基本培养基为 MS,White,MT 等,但以 MS 培养基最为常用。为了促进愈伤组织的产生和增殖,培养基中还添加一些有机物,包括酵母提取物或水解酪蛋白等附加物质,也有不少人采用天然提取物,如椰子汁、淀粉等。胚乳培养中,大多数被子植物是在胚乳细胞先诱导形成愈伤组织,然后再分化器官,诱导芽丛或胚状体。一般情况下,幼嫩胚乳培养比成熟胚乳产生愈伤组织的频率高。

本实验采用 MS+1 mg/L 6-BA+0.5 mg/L 2,4-D 作为愈伤组织诱导培养基。培养基均附加水解酪蛋白(酪朊水解物,CH)200~500 mg/L,蔗糖 5%,琼脂

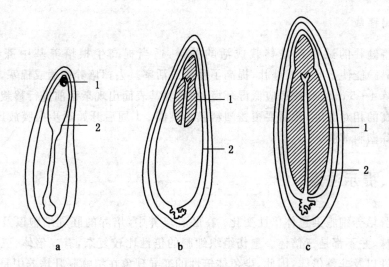

a.胚乳发育的游离核阶段(5月初);b.充分发育的细胞组织的胚乳和已
经分化的胚(6月);c.接近成熟的种子的胚乳和胚;1.胚;2.胚乳(参考
毋锡金等)。

**图 2-1　苹果(金冠)胚乳和胚发育的 3 个阶段**

0.7％,pH 6.0,在 1.2 kg/cm² 压力下消毒 15 min。培养温度保持 25~27℃,散射
光条件。

### (三)分化培养

用于分化的愈伤组织通常是在继代繁殖过程中新增殖的愈伤组织。一般结构
较致密,多呈淡绿或米黄色。选择长势良好、生长 22~25 d 的愈伤组织用于分化
培养。诱导愈伤组织分化时期,需供给充足的光照。在 30 $\mu$mol/(m²·s)左右的
荧光灯下进行每天 10~12 h 光照培养。分化培养基为 MS+(0.1~1) mg/L BA
+500 mg/L CH+3％ 蔗糖。分化培养 20 d 左右,产生绿色芽点,经过 40~60 d,
继续生长则成为具有小叶片的植株,45 d 后,小芽长出直立簇生的小叶。

### (四)生根

苹果试管苗的生根选用继代转接后 35 d 左右、长度 3~5 cm 的苹果试管苗转
接到生根培养基(1/2 MS+0.5 mg/L NAA)进行生根培养,10 d 左右开始在插条
的基部出现根原基,20~30 d 根可生长到可以移栽的长度。

### (五)移栽

获得健壮的试管苗是移栽成活的关键,适当提高生根培养基中蔗糖浓度(3%～5%)能使茎叶生长健壮,提高了移栽成活率。去掉培养瓶盖或棉塞,在培养室内锻炼4～5 d,使叶片适应低湿环境,在培养基表面出现杂菌前进行移栽。为了保持较高的相对湿度,栽后要覆盖塑料膜小拱棚。1周后开始逐步揭膜放风,直至完全去除塑料薄膜。

## 六、提示注意

胚乳培养细胞染色体倍性变化:在胚乳培养中,培养的胚乳细胞以及得到的胚乳植株,并不都是三倍体。愈伤组织细胞的倍性比较复杂,有二倍体、三倍体等多种倍性以及非整倍体,因此,染色体倍性的变异现象在植物胚乳培养中是相当普遍的。

## 七、思考题

(1)胚乳培养的意义是什么?
(2)简述苹果胚乳培养的基本步骤。

# 第三章
# 植物离体快繁

# 实验一　烟草微繁殖技术

## 一、实验目的及意义

本实验选择烟草为材料,烟草(*Nicotiana tabacum*)属茄科植物,是重要的工业原料,也是植物组织培养的四大典型实验植物(烟草、矮牵牛、胡萝卜、芸薹)中重要的一种,它的研究最为广泛,也始终领先于其他的植物材料。实验目的是学习和掌握植物微繁殖的原理和操作技术。

## 二、实验原理

对植物进行微繁殖可采用两种方法:①丛生芽的转接扩繁。接种材料应该是无菌生长的丛生芽,扩繁时将每个芽分离开,单独接种到培养基中,培养一段时间后转接到生根培养基中生根,也可以直接接种到既可以长芽又可以生根的培养基中。②侧芽和顶芽的扩繁。接种材料为无菌植株,扩繁时将植株切成几段,每段保留一个侧芽,然后将茎段和顶芽接种到培养基中,培养一段时间后侧芽会从腋芽处长出,其他步骤同于第一种方法。

## 三、实验仪器与药品

超净工作台,镊子,解剖刀,剪刀,酒精灯,培养基,100 mL 三角瓶,封口膜,培养室(培养箱),微波炉,油性标记笔,无菌蒸馏水。

## 四、实验材料

烟草无菌幼苗。

## 五、操作步骤与方法

1.培养基的配制和分装:MS-2 培养基(MS 基本培养基＋0.2 mg/L NAA＋

1 mg/L KT＋8 g/L 琼脂,pH 5.8)的配制;培养基的灭菌。将已灭菌保存的用于烟草苗微繁殖的培养基(MS-2)在微波炉中熔化,冷却到 60℃,在无菌条件下分装到已灭菌的三角瓶中。也可以将已灭菌尚未冷却的培养基直接分装到三角瓶中。

　　2.烟草无菌幼苗的准备:烟草无菌幼苗既可以来自无菌种子发芽生长的幼苗,也可以通过无菌苗的顶芽和侧芽扩繁而来。培养基采用有利于芽增殖的培养基。推荐的烟草微繁殖的培养基配方有① MS 基本培养基＋0.5 mg/L IAA＋0.5 mg/L BA＋8 g/L 琼脂,pH 5.8,该培养基有利于烟草苗和根的生长,但芽增殖较少;②MS基本培养基＋0.2 mg/L NAA＋1 mg/L KT＋8 g/L 琼脂,pH 5.8,该培养基有利于烟草芽的增殖,但根生长较少;③MS 基本培养基＋8 g/L 琼脂,pH 5.8,该培养基有利于芽和根的生长,但没有芽的增殖。

　　3.植物材料的接种和培养:本实验采用的是烟草顶芽和侧芽的微繁殖。取无菌的烟草植株,在无菌培养皿中(或无菌的滤纸上)将根切除,同时切除大的叶片,将烟草茎切成几段,每段保留一个节,剪切时要求茎节上部少留,茎节下部多留,茎段长 5～15 mm。将茎段下部插入培养基中,每瓶接 1 个茎段。将植物材料置于25℃下,光照强度 30 μmol/(m² · s),光照时间为每天 12 h 的环境中培养。1 周后,可观察到侧芽从腋芽处长出。烟草侧芽微繁殖过程见图 3-1。

　　4.后续工作:可以将新生长的幼苗继续扩繁,继代培养,也可以将幼苗转接到生根培养基中,诱导生根。

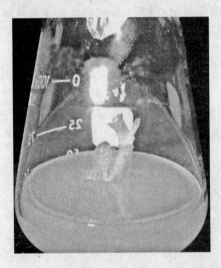

图 3-1　烟草侧芽微繁殖过程

## 六、提示注意

(1)剪无菌苗茎段时注意,每段都要保留一个节,便于腋芽长出,剪切时要求茎节上部少留,茎节下部多留。

(2)茎段插入培养基不要插入过深,避免影响植株生长;也不要过浅,以免植株倒斜,影响养分的吸收。

## 七、思考题

(1)茎段接种时是否要考虑培养基的厚度?

(2)茎段接种用的培养基能否应用诱导愈伤组织形成和培养的培养基?

(3)如何减少植物微繁殖操作过程中的污染?

(4)观察并记录烟草微繁殖中芽的生长动态。

# 实验二 蝴蝶兰的快繁技术

## 一、实验目的及意义

蝴蝶兰（*Phalaenopsis amabilis*）是兰科蝴蝶兰属的一种热带附生兰，素有"兰花皇后"的美誉。其花大如蝶，形态美妙，花色鲜艳，色泽丰富，花期持久，成为名贵高档花卉之一。由于蝴蝶兰是单茎性气生兰，很难进行分株繁殖，常规情况下种子发育不完全，极难萌发，因此世界上多采用组织培养来繁殖种苗。通过本实验了解蝴蝶兰的离体快繁的技术要点及其再生成完整植株的过程。

## 二、实验原理

近年来，对蝴蝶兰的组织培养研究较多的是用胚、幼叶、茎尖和根尖、花梗腋芽等多种器官为外植体进行组织培养研究。因为蝴蝶兰的花梗腋芽具有取材和消毒较容易、不伤及母株、组培效果好和容易组培成功的特点，所以本实验中采用带腋芽的花梗作为外植体。蝴蝶兰通过花梗腋芽进行快繁主要有两个成苗途径：一是丛生芽途径，花梗腋芽通过诱导增殖直接形成丛生芽，再形成小苗；二是原球茎途径，花梗腋芽通过诱导形成丛芽，再由丛芽诱导形成原球茎，通过继代和生根形成完整的植株。本实验采用第一种快繁途径。

## 三、实验仪器与药品

1. 玻璃仪器：不同规格的棕色和无色广口瓶（用于存放培养基母液），三角瓶，灭菌培养皿若干，量筒（量取培养基母液等），容量瓶（配制和存放培养基母液），蓝盖瓶，不同规格的移液管。

2. 设备和用具：仪器设备包括超净工作台，冰箱，微波炉或恒温水浴，抽滤灭菌装置，高压灭菌锅，pH 计（或 0～14 pH 试纸），0.1 g 托盘天平，0.01 g 和 0.000 1 g 分析天平；用具包括枪式镊子，手术剪，手术刀，酒精灯，酒精棉球，吸管等。

3. 所需培养基：腋芽丛及生芽诱导培养基是 MS＋3.0 mg/L 6-BA＋3％蔗糖

＋0.8％琼脂,pH 5.8;丛生芽增殖培养基是 MS＋5.0 mg/L 6-BA＋0.5 mg/L NAA＋3％蔗糖＋0.8％琼脂,pH 5.8;生根培养基是 1/2 MS ＋1.0 mg/L NAA＋1.5％蔗糖＋0.8％琼脂,pH 5.8。

4.消毒剂等其他试剂:75％酒精,饱和漂白粉溶液,0.1％的升汞($HgCl_2$)溶液,0.1％高锰酸钾溶液无菌水,工业酒精(用于酒精灯),6-BA,NAA。

## 四、实验材料

选用蝴蝶兰已开花的花梗,取其下端休眠芽作为外植体。

## 五、操作步骤与方法

1.外植体的选取和消毒:从母株上切下花梗,剪下其带芽茎段,其长约 3 cm,用自来水清洗干净,在饱和漂白粉上清液中浸泡 15 min,浸泡时不断搅动,浸泡后的茎段用流水冲洗干净,置于超净工作台上,先用 75％的酒精消毒 30 s,无菌水清洗 1 次,再用 0.1％的升汞浸泡 10 min(在此浸泡过程中仍不断用玻璃棒搅动),用无菌水冲洗 5 次后,置于无菌的干净培养皿上备用。

2.接种:在无菌条件下,用无菌的小刀,将茎段切成 2 cm 左右带饱满腋芽的切段,芽体朝上接种于诱导培养基上,培养温度$(25\pm1)$℃,光照强度 1 500 lx,光照时间每天 12 h。

3.丛生芽的增殖:当花梗腋芽培养 55～60 d 后,花梗基部和培养基接触部分逐渐变黑,此时将诱导出的丛生芽切分成单芽和双芽转接到丛生芽增殖培养基上继代增殖,约 50 d 后可生成新的丛生芽。

4.生根壮苗及驯化移栽:获得的增殖芽转入生根培养基中进行生根壮苗,20 d 左右生根。当蝴蝶兰试管苗具有 3～4 条根,3～4 片叶和叶长 3～5 cm 时即可驯化移植。将试管苗移至明亮通风的炼苗室中,揭开瓶盖炼苗 2～3 d,然后将苗取出,洗净粘在根部的培养基。将试管苗放入 0.1％高锰酸钾溶液中浸泡 20～30 min,再移栽至已消毒的苔藓基质上。刚移栽的蝴蝶兰应保持光强 1 500～2 500 lx,温度 25～30℃,空气湿度 85％,通风良好,以有利于试管苗的快速增长。

## 六、提示注意

(1)针对取材时间的不同和不同的蝴蝶兰种类,在预实验的过程中应该摸索合适的灭菌时间。如果蝴蝶兰生长的环境比较脏,可以适当地增加灭菌时间,但是此时外植体可能受到的伤害比较大。

(2)试管苗炼苗移栽后,在1周之内应该保持100%的空气湿度和适当的遮阳,这样能大大提高试管苗的成活率。

## 七、思考题

(1)利用丛生芽途径进行蝴蝶兰快繁的优势是什么?
(2)观察并描述蝴蝶兰丛生芽诱导变化过程。

# 实验三　石刁柏茎段培养技术

## 一、实验目的及意义

石刁柏(*Asparagus officinalis*)俗称芦笋,为多年生宿根草本蔬菜,雌雄异株,是一种高档蔬菜,种子价格高,因此多采用茎段快繁增殖。茎段培养具有培养技术简单,繁殖速度较快,繁殖系数高等优点;在一年内由一个外植体可增殖大量的植株;同时可以加速良种和珍贵植物的保存和繁殖;所繁殖的苗木变异少,繁殖系数高,苗木质量好;是解决不能用种子繁殖的无性繁殖植物的快速繁殖的重要手段;可节省种株。

## 二、实验原理

茎段培养是指对不带芽和带有腋(侧)芽或叶柄的茎切段(包括块茎、球茎、鳞茎在内的幼茎切段)进行离体培养。包括幼茎和木质化的茎切段。一般情况下,不带芽茎段培养必须要有植物激素的参与,而带芽茎段培养可以没有植物激素的参与,也可以加入少量的植物激素,但为了促进腋芽的伸长,细胞分裂素的浓度要高于生长素的浓度。茎段培养的主要目的是进行植物的离体快速繁殖,其次是研究茎细胞的分裂潜力和全能性以及诱导细胞变异和获得突变体等。

根据茎的生长类型和生长环境的不同,有的可生在空中,有的可长在地下(根状茎、块茎、球茎、鳞茎)。在自然界中,茎在植物体中起支持与输导的作用,它往往又被作为无性繁殖的器官。以茎为培养材料,获得了多种试管植物,茎段培养技术越来越广泛地被人们所应用。植物组织培养中,由于嫩茎段(即当年萌发或新抽出的尚未完全木质化的枝条)其细胞的可塑性大,进行离体培养容易成功,因此成为组织培养中常用的材料,尤其是处在发育阶段年龄幼小的嫩茎更易成功。

## 三、实验仪器与药品

1.玻璃仪器:不同规格的棕色和无色广口瓶(用于存放培养基母液),用于灭菌的 100 mL 烧杯若干,150 mL 或 200 mL 培养瓶若干,试管,灭菌培养皿若干,量筒(量取培养基母液等),容量瓶(配制和存放培养基母液),不同规格的移液管。

2. 设备和用具:仪器设备包括超净工作台,冰箱,微波炉或恒温水浴,抽滤灭菌装置,电磁炉,高压灭菌锅,pH 计(或 0~14 pH 试纸),0.1 g 托盘天平,0.01 g 和 0.000 1 g 分析天平。用具包括枪式镊子,手术剪,手术刀,搪瓷锅(或 1 000 mL 烧杯),酒精灯,酒精棉球,吸管等。

3. 所需培养基:MS 培养基。

4. 消毒剂等其他试剂:70％酒精,饱和漂白粉溶液或 0.1％的升汞($HgCl_2$)溶液或 2％次氯酸钠溶液,无菌水,工业酒精(用于酒精灯),NAA 和 KT 溶液。

## 四、实验材料

以一年生拟叶尚未展开的石刁柏的嫩茎为实验材料。

## 五、操作步骤与方法

### (一)茎段培养的一般程序

1. 外植体的选取和消毒:在外植体选择方面,就木本植物来说,茎段培养一般采用幼嫩的一年生茎段培养比多年生茎段容易成功。取生长健壮、无病虫、正在生长的幼嫩茎段进行培养。茎的基部比顶部切段成活率低,侧芽比顶芽的成活率低,所以应优先利用顶部的外植体,但是每个新梢仅一个顶芽,也应利用腋芽,茎上部的腋芽培养效果也很好。植物的芽有休眠期和生长期之别,不应当在休眠期取外植体,否则成活率甚低。对于带有变态茎(球茎、鳞茎)的球根类花卉的茎段培养,其繁殖可用分球或鳞片进行离体培养,达到大量增殖的目的。球根类通常是在地下培育,污染率比较高。

2. 接种:在无菌条件下,用无菌的小刀,将茎段切成 0.5~1.0 cm 的带节切段,若是鳞茎则切取带小段鳞片的底盘再切开底盘,使每块底盘上都带有腋芽。然后接到培养基上。

3. 培养基:依据培养材料和外植体种类来选择不同的培养基。经培养后茎段的切口特别是基部切口上会长出愈伤组织,呈现稍许增大。而芽开始生长,有时出现丛生芽,从而得到无菌苗。

一般情况下,将经过表面消毒的茎段在无菌条件下,切成几厘米长带节的茎段,接种在固体培养基上。经过培养后,带芽茎段可由腋芽直接萌发成苗,或经诱导脱分化形成愈伤组织,再经过再分化形成不定芽。把再生苗进行切割,转接到生根培养基上培养,便可得到完整的植株。

不同部位茎段消毒需要的时间不相同。可以采用次氯酸钠溶液、升汞、饱和漂白粉等消毒液。不带腋芽的茎段一般先在两端切口处边缘形成白色突起,形成愈伤组织,以后从突起部位可能形成不定芽。茎段愈伤组织的形成和不定芽的产生与培养基中生长素和细胞分裂素的比例有关,在含高浓度生长素的培养基中,通过茎切段直接形成愈伤组织的频率较高;而在细胞分裂素浓度高的培养基中,通过愈伤组织形成不定芽的频率较高。

### (二)石刁柏茎段培养技术

用茎段进行石刁柏的组织培养,有两种不同的途径:一是由顶芽或腋芽直接分化成苗,但繁殖系数相对较低;二是经愈伤组织增殖后形成苗,繁殖系数较高。采用带顶芽或腋芽茎段快速繁殖石刁柏技术要点见以下几点。

1. 外植体的取材和消毒:从田间剪取无病虫似叶尚未展开的嫩茎,在自来水中冲洗 $40\sim50$ min 后,进行表面消毒,先用 70% 酒精消毒 3 min,移入饱和漂白粉溶液中浸约 10 min,并不断摇动,或用 0.1% $HgCl_2$ 消毒 8 min,或用 2% 次氯酸钠消毒 15 min,无菌水冲洗 $4\sim5$ 次,切成带 $1\sim2$ 个芽长约 1 cm 的茎段或者切成带 $1\sim2$ 个芽的圆片,接种到 MS$+0.1$ mg/L NAA$+0.1$ mg/L KT(或 $0.1\sim0.3$ mg/L BA)的培养基上诱导顶芽或腋芽重新发生新梢,带顶芽茎段培养应去掉外面的鳞片,接种 3 d 后,腋芽萌动,1 周后,腋芽伸长,4 周后,茎生长可达 5 cm,并在腋芽的芽节处形成芽丛。以后按一个侧芽为单位,将新梢切成小段,转入含有 0.1 mg/L NAA 和 1 mg/L KT 的 MS 培养基上诱导腋芽重新发生新梢,不断继代培养扩大无性系的繁殖。

2. 芽的增殖:将上述的芽丛切割接种,每个芽眼处又可形成芽丛,如此反复进行,继代繁殖,就能在较短时间内繁殖出大量嫩茎。芽增殖的条件为 $26\sim27℃$,每天光照 $14\sim16$ h,室内湿度控制在 60% 左右。以此程序反复培养以建立繁殖材料无性系,反复进行继代培养可以扩大繁殖无性系。

3. 生根:当丛生茎小苗长到 $4\sim5$ cm 高时,转移到 MS$+0.1$ mg/L NAA 培养基上生根,1 周后嫩茎基部形成愈伤组织,培养 $8\sim10$ 周后生根。石刁柏试管苗的生根的难易程度主要受基因型和外植体来源的影响。此外,NAA,IBA 和 IAA 3 种生长素配合使用时,生根效果优于单独使用。在生根培养基中添加 $PP_{333}$ 50 mg/L 或吡啶醇 0.5 $\mu$mol/L 对生根有明显的促进作用。

4.移栽:把生根的完整植株移栽到草炭和蛭石(1:1)或园土:沙:草炭(2:1:1)的混合基质中,可以移栽到苗床或营养钵中,植株的移栽保持温度25～27℃,湿度高于90%,并注意通风,生长2～3周即可成活,在温室中生长2个月左右即可移栽到露地。

在以石刁柏茎段为外植体进行苗木快速繁殖的过程中,除采用以上方法外,也可以采用去掉顶芽带有多个腋芽的无激素的MS基本培养基直接进行扦插,获得无根试管苗,再通过常规扦插技术进行苗木生产;或采用带顶芽和多个腋芽的茎段,接种到含有细胞分裂素,如6-BA或KT的培养基中进行苗木的快速繁殖,再采用常规扦插技术进行石刁柏苗木的快速繁殖。

## 六、提示注意

褐变对于木本植物,特别是对于一些含酚类物质较多的木本植物来说是一个常见问题,可以采用以下措施来防止褐变和有害物质的积累。

(1)在培养基加入适量活性炭(0.5%～1%),可以吸附部分有害物,降低酚类物质的不利影响。

(2)向培养基中加入抗变色剂,如5%的$H_2O_2$,0.2～0.4 mg/L维生素C,0.7% PVP(聚乙烯吡咯烷酮)等。

(3)降低培养室的光强度,可以降低酚类物质的氧化速度。

## 七、思考题

(1)简述石刁柏茎段培养的意义和基本原理。
(2)简述石刁柏茎段培养的一般程序和具体方法。

# 实验四　香蕉快繁技术

## 一、实验目的及意义

在香蕉生产中应用的生物技术主要是通过香蕉组织培养，提供优良品种种苗。目前具有商品价值的香蕉栽培品种几乎全部是三倍体，由于没有种子，给繁殖和育种带来困难。香蕉组织培养技术对香蕉生产尤其是对国内近 20 年香蕉生产发展的突飞猛进起了十分关键的作用，香蕉组织培养技术的应用使大规模商品化香蕉生产成为可能。由于香蕉组培苗具有繁殖速度快、不带病毒、高产优质、生长成熟一致、性状稳定和便于运输等优点，所以目前生产上采用的香蕉种苗 90% 以上是组培苗。

## 二、实验原理

香蕉吸芽是在植株生长到一定大小时（吸芽苗植后长出叶 16 片左右，试管苗植后长出叶 21 片左右），从球茎中心柱分支形成的腋芽萌发发育而成的后代，其维管束与原球茎是相通的。采用生物工程先进技术，取香蕉吸芽苗生长点作为培养材料，然后接入有培养基的瓶子内，经过一段时间的培养诱导，培养出可用于增殖培养的无菌材料，再移入增殖培养基中进行多次的继代增殖培养，然后把增殖芽转入生根苗培养基中培养，生成完整根系的小植株。

## 三、实验仪器与药品

1.玻璃仪器:不同规格的棕色和无色广口瓶（用于存放培养基母液），用于灭菌的 100 mL 烧杯若干，150 mL 或 200 mL 培养瓶若干，试管，灭菌培养皿若干，量筒（量取培养基母液等），容量瓶（配制和存放培养基母液），不同规格的移液管。

2.设备和用具:仪器设备包括超净工作台，冰箱，微波炉或恒温水浴，抽滤灭菌装置，电磁炉，高压灭菌锅，pH 计（或 0~14 pH 试纸），0.1 g 托盘天平，0.01 g 和 0.000 1 g 分析天平。用具包括枪式镊子，手术剪，手术刀，搪瓷锅（或 1 000 mL 烧杯),酒精灯,酒精棉球,吸管等。

3.所需培养基:诱导培养基 MS＋5 mg/L 6-BA＋10 mg/L Ad＋3％蔗糖＋0.7％琼脂,pH 5.8;继代培养基 MS＋5 mg/L 6-BA＋10 mg/L Ad ＋3％蔗糖＋0.7％琼脂,pH 5.8;生根培养基 1/2 MS＋0.2 mg/L NAA＋1 mg/L IBA＋1％活性炭＋3％蔗糖＋0.7％琼脂,pH 5.8。

4.消毒剂等其他试剂:75％酒精,0.1％的升汞(HgCl$_2$)溶液或 5％次氯酸钠溶液,无菌水,工业酒精(用于酒精灯),活性炭,腺嘌呤(Ad)、6-BA、IBA 和 NAA 溶液。

## 四、实验材料

一般于春暖季节,香蕉开始生长后,于晴天到蕉田选取产量高、无病虫害的蕉茎,挖取其健壮的侧芽作为实验材料。

## 五、操作步骤与方法

1.外植体初处理和灭菌:将吸芽外层苞片仔细剥去,经自来水冲洗干净后,保留顶芽和侧芽原基,切割成约 2 cm 假茎、2 cm 直径的圆柱。在超净工作台上将切好的吸芽先放入 75％的乙醇溶液中浸泡 30 s 后,用无菌水洗净,再放入 0.1％HgCl$_2$ 或 5％次氯酸钠溶液中 12～20 min 后,用无菌水冲洗 5～7 次。

2.外植体切割及接种:在超净工作台上将已灭菌的吸芽置于无菌垫纸上,用事先已灭菌的手术刀、镊子取吸芽中心材料,并将其均匀切成 4 小块,接种于事先准备好的诱导培养基中。基部切口应插入培养基内。培养温度为(30±2)℃。前期暗培养,待有芽分化后弱光照。

3.继代培养:每 30 d 继代增殖一次。接种时,用手术刀将丛生芽以 2～3 个芽为一个单位分开,同时为减弱顶端优势,促进基盘腋芽生长,切割时将主茎上部的大部分假茎叶切去。随着继代次数的增加,6-BA 的用量要逐渐降低,Ad 在继代3～4 次后不再使用,最后一次继代可以添加少量的 NAA,以便于生根和提高生根率。

4.生根培养:当全部增殖芽达到一定的数量时就必须部分或全部转入生根培养。接种时,将芽单个切开,并大小分级,把全部芽(或选择大芽)插入生根培养基中。同一瓶材料中,不能培养生根的,继续接入增殖培养基中进行继代培养。生根后将瓶苗放到光线较好的地方培养,并经常转动瓶身,让苗均匀受光,炼出的瓶苗健壮,不弯曲,不徒长。待长出完整的根系后即可出瓶假植。

## 六、提示注意

(1)在整个材料处理过程中要动作迅速,减少暴露在空气中的时间,减少因褐变而导致诱导的失败。

(2)随着光线的增强,芽的增殖减少,但芽较健壮;反之,芽的增殖较多,但芽较弱。

(3)为保证种性不受影响,减少变异率,继代次数宜控制在 10 代以内,最多不得超过 15 代。

## 七、思考题

(1)简述香蕉快繁的基本步骤。

(2)香蕉快繁中有哪些注意事项?

# 第四章

# 植物茎尖
# 分生组织培养

# 实验一　植物茎尖分生组织剥离和培养

## 一、实验目的及意义

植物病毒病是限制农业生产的重要因素之一。大多数营养繁殖的植物,感染病毒后,其营养繁殖的特性使病毒长期积累导致作物低产、品质不佳和品种退化。对植物病毒进行有效检测、控制,培育无病毒苗,实施农作物无病毒化栽培,是预防植物病毒病的根本途径。植物茎尖分生组织培养是许多植物脱除病毒的重要手段,也是生产上用于防治植物病毒病的主要技术。本实验的主要目的是让学生了解植物茎尖分生组织培养脱毒基本原理,熟练掌握植物茎尖脱毒的基本操作程序,了解植物病毒常规检测方法。

## 二、实验原理

病毒在植物体内通过维管束进行长距离转移,通过胞间连丝进行胞间转移。植物茎尖分生组织区域没有维管束,病毒只能通过胞间连丝传递。该区域生长素浓度高,新陈代谢旺盛,病毒增殖与移动速度不及茎尖分生组织细胞分裂和生长快。越靠近茎尖区域,病毒感染越少,茎尖生长点(0.1～1 mm)区域几乎不含或很少含有病毒。

茎尖分生组织培养的实质就是以不含病毒颗粒或病毒颗粒含量甚少的0.1～0.5 mm的茎尖分生组织作为外植体,进行微繁殖,获得无毒植株。有些病毒也能侵染植物茎尖分生组织区域。通过对茎尖分生组织培养所用材料进行热处理,即在适宜的恒定高温或变温和一定光照条件下,处理一段时间,可使病毒钝化失活。热处理与茎尖分生组织培养脱毒相结合,可以提高脱毒率。

## 三、实验仪器与药品

MS等组织培养的基本培养基配方所需各种药品,次氯酸钠,酒精,无菌水,漩涡混合仪,恒温光照培养箱,磁力搅拌器,pH计,天平,超净工作台,光学显微镜,玻璃器皿,移液枪,高压灭菌锅,电子天平,磁力搅拌器,解剖针,解剖刀,镊子,培养容器等。

## 四、实验材料

盆栽带毒植株或田间植株,或其顶芽与侧芽。

## 五、操作步骤与方法

### (一)热处理

待脱毒植物材料在室内发芽,在 36～38℃光照 55 $\mu$mol/(m$^2$·s)条件下盆栽培养 2 周。

### (二)表面消毒

选取合适顶芽与侧芽,用干净的剪刀剪下并清洗干净,用 75％的酒精消毒 30 s,用消毒过的解剖刀切除外层芽鞘,剥除芽鞘数片后,再将新芽的上半部一并切除,再用 2.5％次氯酸钙或次氯酸钠溶液处理 15 min,取出后用无菌蒸馏水清洗 3～5 次,用无菌滤纸吸去多余水分备用。

### (三)茎尖分生组织剥离

在双筒解剖镜下,切除叶片使芽体暴露,用解剖刀剥掉幼叶,最顶端部位就是茎尖生长点分生组织,用手术刀将生长点切下,一般保留 1～2 个叶原基。

### (四)茎尖分生组织培养

将剥离的茎尖立即放入液体培养基中或接种到固体培养基上培养。培养条件为 25℃,光照 16 h,液体培养需将培养容器放置在 80～120 r/min 的摇床上培养。

平均 2～3 周进行一次继代培养,5～7 周可获得单个小植株。茎尖分生组织培养根据培养基因脱毒对象不同而异。多以 MS 培养基作为基本培养基附加适宜的激素组合。

甘薯茎尖分生组织培养常用的培养基:MS＋0.2 mg/L IAA＋0.5 mg/L 6-BA;MS＋0.5 mg/L KT＋0.2 mg/L IAA ;MS＋1.0 mg/L 6-BA＋0.01 mg/L

NAA+1.0 mg/L GA$_3$。

通过茎尖分生组织培养获得的脱毒苗,必须针对特定的病毒进行严格的检测,确认脱毒后才能进一步进行快速繁殖,用于生产实践。

### (五)脱毒苗的检测

目前常用植物病毒检测技术包括指示植物法与血清学方法。

1.指示植物法:利用病毒在其他植物上出现的病毒特征作为鉴别病毒种类的标准,这种专用于产生病毒症状特征的寄主即为指示植物,又称鉴别寄主。症状分两种类型:一种是接种后产生系统的症状,并扩张到非接种的部位;另一种是只在接种部位产生局部病斑,根据病毒的类型而出现坏死、退绿或环状病斑。指示植物有荆芥、千日红、昆诺阿藜和各种烟草等。指示植物法操作简便易行,而且成本低,结果准确、可靠,但所需时间较长,对大量样品的检测比较困难。例如,可以长春花[*Catharanthus roseus*（L.）Don]、芦柑实生苗作为柑橘黄龙病的指示植物。巴西牵牛(*Ipomoea setosa* Ker.)、苋菜、藜等作为甘薯病毒的指示植物。

检测程序:从被鉴定植物上取 1～3 g 幼叶,在 pH 值 7.0 的磷酸缓冲液中研磨至匀浆,用两层纱布过滤,去渣。在指示植物叶面上涂抹或喷洒滤液。指示植物在无蚜虫的环境中培养,保温 15～25℃。接种 2～6 d 后观察有无病毒病症状出现。

2.血清学检测:植物病毒可作为一种抗原,注射到动物体内即产生抗体。抗体存在于血清之中称为抗血清。不同病毒产生的抗血清都有各自的特异性,用已知病毒的抗血清来鉴定未知病毒,这种抗血清就成为高度专一性的试剂,特异性高。常用的血清学检测方法有 ELISA 或 Dot-ELISA 检测法等。血清学检测法是目前使用最广泛和较为可行的方法,可用于大批量样品的检测。

此外,尚有电镜技术、定量聚合酶链式反应(Q-PCR)及目视化生物芯片技术等现代生物学技术也可用于植物病毒检测。

## 六、提示注意

(1)茎尖分生组织培养时,外植体越小脱毒效果越佳,但成活越难;过大则不能保证完全除去病毒。剥离茎尖分生组织大小要适宜,通常保留 1～2 个叶原基。

(2)在茎尖分生组织剥离过程中,可视植物种类、芽鞘与幼叶层数情况,对顶芽或侧芽消毒 1～3 次。

(3)脱毒苗病毒检测中应根据病毒种类选择合适的指示植物或抗血清。

## 七、思考题

(1)为什么茎尖分生组织培养可获得无病毒苗? 茎尖分生组织培养脱毒和花粉培养脱毒有何区别?

(2)影响茎尖分生组织培养脱毒效果的因素有哪些?

(3)常用植物病毒检测技术有哪些?

# 实验二　草莓茎尖脱毒

## 一、实验目的及意义

　　草莓(*Fragaria ananassa*)是多年生宿根草本植物,在我国栽培范围广泛,经济效益较高,主要以匍匐茎繁殖,栽培过程中很容易受到一种或一种以上病毒的侵染。目前已报道的可侵染草莓的病毒有 20 多种。草莓病毒侵染草莓后,主要表现为叶片失绿、畸形、生长量减少、植株矮化、产量下降、品质变劣等现象,严重时可引起毁灭性灾害。因此,利用茎尖分生组织培养获得脱毒苗对草莓生产的产量和质量都具有重要意义。

## 二、实验原理

　　病毒在感染病株上分布得并不一致,在老叶片及成熟的组织和器官中病毒含量较高,而幼嫩及未成熟的组织和器官病毒含量较低,生长点(0.1～1.0 mm 区域)则几乎不含或含病毒很少。因为病毒的增殖运输速度与茎尖细胞分裂生长速度不同,病毒向上运输速度慢,而分生组织细胞繁殖快,这样就使茎尖部分的细胞没有病毒。这就是利用茎尖分生组织进行草莓脱毒的原理。因此,茎尖培养脱毒效果的好坏与茎尖大小呈负相关,茎尖越小,脱毒效果越好;而培养茎尖的成活率的高低则和茎尖的大小呈正相关,茎尖越小成活率越低,具体应用时既要考虑脱毒效果又要考虑成活率,因此,一般情况下切取 0.2～0.3 mm 带一两个叶原基的茎尖作为培养材料较好。

## 三、实验仪器与药品

　　双筒解剖镜,超净工作台,解剖针,解剖刀,镊子,玻璃器皿,高压灭菌锅,三角瓶等。MS 等组织培养基本培养基配方所需各种药品,6-BA,IAA,次氯酸钠,酒精,无菌水。

## 四、实验材料

田间生长健壮的草莓匍匐茎。

## 五、操作步骤与方法

### (一)取材

取材时间为草莓匍匐茎的生长旺季,即每年的 8 月份,取材母株需进行杀菌,每周用 500 倍甲基托布津处理一次。取田间生长健壮的匍匐茎顶端 4~5 cm 长的芽子,注意选择无病无虫株。如果取材的量比较大,可以将其茎下端浸入清水置于4℃冰箱中保存,最长可以保存 1 周,中间需换水几次。

### (二)消毒

用手剥去匍匐茎顶端芽的外层大叶,在自来水下冲洗 0.5~1 h,然后在 75%的酒精中漂洗 1 min,用无菌水冲洗 3 遍,再用 2%的次氯酸钠消毒 10 min,在消毒过程中需要不停地振荡,然后再用无菌水冲洗 3~5 次。置于灭过菌的工具皿上。

### (三)茎尖分生组织剥离

材料消毒后,将其置于超净工作台上的双筒解剖镜下,在倍数(20×1.5)下即可见,用解剖针一层层剥去幼叶和鳞片,露出生长点,一般保留一两个叶原基,用解剖刀切 0.2~0.3 mm,立即放入三角瓶培养基中。

### (四)茎尖分生组织培养

草莓茎尖的分化培养基为 MS+0.5 mg/L 6-BA +3%蔗糖+0.7%琼脂,光照强度 40~55 $\mu$mol/(m²·s),光照时间为 14 h/d ;培养温度为(23±2)℃。培养26 d,统计繁殖系数。26 d 继代一次。转入生根培养基 1/2 MS+0.2 mg/L IAA+1.5%蔗糖+0.7%琼脂,pH 5.8,生根。

### (五)草莓脱毒苗的炼苗及移栽

待草莓无菌苗的根长到 1~2 cm 长,将三角瓶上的覆盖物揭掉,在光照培养室内炼苗 1~2 d,在此过程中,要注意保持培养室中的湿度。然后将根部的培养基洗净,移栽到装有蛭石和草炭(1:2)的培养钵中,注意保持空气湿度,1周就可以成活。

### (六)病毒检测

1.用指示植物检测病毒:采用指示植物检测病毒一般都用小叶嫁接方法。在嫁接前 1~2 个月,先将生长健壮的指示植物单株栽于盆中,成活后要注意防治蚜虫。从被鉴定植物上取 1~3 g 幼叶,在 pH 值 7.0 的磷酸缓冲液中研磨至匀浆,用两层纱布过滤,去渣。在指示植物叶面上涂抹或喷洒滤液,保温 15~25℃。接种 2~6 d 后观察有无病毒病症状出现。

2.分子生物学检测病毒:即利用 RT-PCR 检测病毒的存在。利用已经分离到的病毒及其基因序列合成 RT-PCR 反应的引物,提取待测草莓脱毒植株的 RNA,利用反转录酶获得其 cDNA,再进行 PCR 反应,琼脂糖凝胶电泳,观察有无目的片段,有目的条带即脱毒不成功。

## 六、提示注意

(1)将茎尖组织切下后应尽快放到培养基上,防止其过度失水降低成活率。

(2)将脱毒苗移入培养基的前几天,要保持 100% 的空气湿度,这是保证移栽苗成活的关键。

## 七、思考题

(1)简述利用植物茎尖培养脱除植物病毒的原理。

(2)影响茎尖分生组织培养脱毒效果的因素有哪些?

# 实验三　马铃薯茎尖脱毒

## 一、实验目的及意义

马铃薯(*Solanum tuberosum*)是一种全球性的重要作物,在我国分布也很广,种植面积占世界第二位。由于其生长期短,产量高,适应性广,营养丰富,又耐贮藏运输,是一种重要的粮蔬两用作物。马铃薯在种植过程中极易感染病毒,危害马铃薯的病毒有17种之多。马铃薯是无性繁殖作物,病毒在母体内增殖、转运和积累于所结的薯块中,并且世代传递,逐年加重,降低其产量和品质。利用茎尖分生组织离体培养技术对已感染的良种进行脱毒处理,获得无病毒的马铃薯植株,对马铃薯增产效果极为显著。

## 二、实验原理

寄生在马铃薯块茎中的病毒,随着块茎芽眼萌发长成植株的生长过程,也在马铃薯植株体内进行病毒粒子的复制繁殖,但病毒在马铃薯植株内的分布是不均匀的。据研究,在代谢活跃的茎尖分生组织中没有病毒。可能是由于茎尖分生组织中的细胞分裂速度很快,超过病毒粒子的复制速度,使病毒粒子在复制过程中得不到营养而受到抑制。也可能是由于分生组织中某些高浓度的激素抑制了病毒。以上原因的机理尚未搞清,但通过对茎尖(带有 1～2 个叶原基,小于 0.2 mm)组培苗进行病毒检测未发现带有病毒,而大于 0.2 mm 的茎尖却常能检测出病毒。这点便成为茎尖脱毒组培繁殖无病毒株的重要依据。为了提高马铃薯的脱毒效率,可以采用对外植体材料进行热处理。

## 三、实验仪器与药品

双筒解剖镜、超净工作台、解剖针、解剖刀、镊子、玻璃器皿、高压灭菌锅、三角瓶等。MS 等组织培养基本培养基配方所需各种药品,6-BA、NAA、次氯酸钠、酒精、无菌水。

## 四、实验材料

马铃薯植株的腋芽和顶芽。

## 五、操作步骤与方法

### (一)取材

在马铃薯生长季节,选取生长势旺盛、无明显病害虫害的植株,取其腋芽和顶芽。顶芽的茎尖生长要比取自腋芽的快,成活率也高。为了容易获得无菌的茎尖,应把供试植株种在无菌的盆土中,放在温室进行栽培。对于田间种植的材料,还可以切取插条,在实验室的营养液中生长。由这些插条的腋芽长成的枝条,要比直接取自田间的枝条污染少得多。

### (二)灭菌

切取 2~3 cm 的壮芽,去掉所有叶片,用自来水充分洗净,并连续冲洗 0.5~1 h。然后用 75% 的酒精漂洗 1 min,用无菌水冲洗 3 遍,再用 2% 的次氯酸钠消毒10 min,在消毒过程中需要不停地振荡,然后再用无菌水冲洗 3~5 次。置于灭过菌的工具皿上。

### (三)脱毒材料的热处理

于 10 倍解剖镜下,用解剖刀切取 1~1.5 mm 的茎尖,将取下的茎尖接种在MS 培养基上,于 25℃ 每天光照 16 h 的培养室培养。待茎尖长至 1 cm 时转入光照培养箱培养,以每天 16 h 光照,36℃ 的高温处理 6~8 周。

### (四)茎尖剥离

在超净工作台上,在 40 倍解剖镜下,用解剖针小心除去茎尖周围的小叶片和叶原基,暴露出顶端圆滑的生长点,用解剖刀细心切取所需的茎尖分生组织,最后只保留带一个叶原基的生长点,大小为 0.1~0.2 mm。切取的茎尖分生组织随即接种到马铃薯茎尖培养基(MS+0.5 mg/L NAA+3% 蔗糖+0.7% 琼脂,pH5.8),以切面接触琼脂,封严瓶口置于培养室进行离体培养。

### (五)茎尖培养

茎尖培养条件是,温度 23~25℃,光照强度 25~50 $\mu$mol/(m² · s),光照时间为每天 16 h 左右,在正常条件下,经过 30~40 d 的培养可见到茎尖有明显的增长,继代 2~3 次,然后将其移入生根培养基(1/2 MS+1.5％蔗糖+0.7％琼脂,pH 5.8)生根。

### (六)脱毒苗的炼苗及移栽

待无菌苗的根长到 1~2 cm 长,将培养瓶上的覆盖物揭掉,在光照培养室内炼苗 1~2 d,在此过程中,要注意保持培养室中的湿度。然后将根部的培养基洗净,移栽到装有蛭石和草炭(1∶2)的培养基中,注意保持空气湿度,1 周就可以成活。

### (七)病毒检测

1.用指示植物检测病毒:采用指示植物检测病毒一般都用小叶嫁接方法。在嫁接前 1~2 个月,先将生长健壮的指示植物单株栽于盆中,成活后要注意防治蚜虫。从被鉴定植物上取 1~3 g 幼叶,在 pH 7.0 的磷酸缓冲液中研磨至匀浆,用两层纱布过滤,去渣。在指示植物叶面上涂抹或喷洒滤液,保温 15~25℃。接种 2~6 d 后观察有无病毒病症状出现。

2.分子生物学检测病毒:即利用 RT-PCR 检测病毒的存在。利用已经分离到的病毒及其基因序列合成 RT-PCR 反应的引物,提取待测马铃薯脱毒植株的 RNA,利用反转录酶获得其 cDNA,再进行 PCR 反应,琼脂糖凝胶电泳,观察有无目的片段,有目的条带即脱毒不成功。

3.血清学检测:即 ELISA 病毒检测技术,这种方法快速简便,灵敏度高。

## 六、提示注意

(1)一次消毒的芽不能太多,以免消毒后材料放置时间太长,茎尖发生褐变,影响成活率。

(2)茎尖的大小是影响成苗的直接因素,同时也是影响脱毒效果的重要因素,茎尖越小,成苗率越低而脱毒率越高,因此在茎尖培养中要在保证存活的情况下,尽量剥较小的茎尖进行培养以保证脱毒效果,实验显示,带一个叶原基的茎尖是比较合适的茎尖大小,还应注意的是,茎尖的大小和品种以及发芽状态有关,同一品种顶芽的茎尖较大,侧芽较单薄。

## 七、思考题

(1)影响茎尖分生组织培养脱毒效果的因素有哪些?
(2)常用植物病毒检测技术有哪些?

# 第五章
# 植物单倍体细胞培养

# 实验一　甘蓝型油菜小孢子培养及植株再生

## 一、实验目的及意义

1982 年德国 Lichter 通过甘蓝型油菜游离小孢子培养首次获得单倍体植株。由于甘蓝型油菜游离小孢子的分离技术简单,通过游离小孢子培养技术获得胚状体和再生苗的效率高,因此该技术一出现就受到了各国油菜育种家的普遍青睐。把小孢子培养技术大规模地应用到大田种植的甘蓝型油菜中有着重要的意义。

## 二、实验原理

花药是花的雄性器官,花药培养属器官培养;花粉是单倍体细胞,花粉培养与单细胞培养相似,花药和花粉都可以在培养过程中诱导单倍体细胞系和单倍体植株。1964 年,Guha 和 Maheshwari 将毛叶曼陀罗的成熟花粉培养在适当的培养基上,发现花粉能转变成活跃的细胞分裂状态,从药室中长出胚状体,最终得到胚状体植株,使细胞全能性理论在生殖细胞水平上得到验证。单倍体植物的最大特点是高度的不孕性,这是由于它只有一套染色体,没有同源染色体,在减数分裂时只有单倍体,无法进行联会,造成染色体行为的不规则,形成的大孢子或小孢子染色体不齐全,因此完全失去有性生殖的能力。但是如果将单倍体植物的染色体数目加倍,即可获得加倍单倍体植株(Doubled Haploid,简称 DH 植株),即纯合二倍体植株或纯系。快速获得纯系在育种上具有广泛的应用价值。单倍体对植物遗传育种有重要意义,其主要用途如下。

(1)通过单倍体培养和染色体加倍可快速获得异花授粉作物的自交系和无性系。

(2)通过单倍体培养中的变异创造新的种质资源。

(3)诱变单倍体可迅速发现隐性突变。

(4)理论研究。单倍体与二倍体杂交得到的非整倍体有助于解决测定连锁群,二倍体的染色体组成分,基因剂量的作用等一些问题。

## 三、实验仪器与药品

1. 玻璃仪器：100 mL 烧杯若干，150 mL 或 200 mL 培养瓶若干，试管，灭菌培养皿若干，量筒，容量瓶，不同规格的移液管。

2. 设备和用具：仪器设备包括超净工作台，冰箱，微波炉或恒温水浴，真空泵和抽滤灭菌装置，电磁炉，高压灭菌锅，pH 计，0.000 1 g 分析天平。用具包括枪式镊子，手术剪，酒精灯，吸管和营养钵等。

3. 培养基：NLN 培养基、$B_5$ 培养基。

4. 消毒剂等其他试剂：70％酒精，6％次氯酸钠溶液或 0.1％的升汞（$HgCl_2$）溶液，无菌水，95％酒精、草炭、蛭石等。

## 四、实验材料

甘蓝型油菜种子。

## 五、操作步骤与方法

(1)甘蓝型油菜种子播种在草炭/蛭石营养钵中。

(2)实验材料种植于温室中。温室条件为 16 h 光照，光照强度约为 200 $\mu mol/$（$m^2 \cdot s$），温度为 25℃/20℃（白天/夜间）。

(3)出苗后每天浇水施肥。对于冬性品种，在 3～5 叶期进行春化（4℃,8 周）。

(4)当植株第一朵花开放时，可以用于小孢子培养的供试材料。可以连续取材 2 周时间，其间将开放的花朵和幼荚除去。

(5)含有成胚小孢子的花蕾尺寸随供试材料基因型与生长环境条件不同有所改变。一般条件下，含有成胚小孢子的花蕾尺寸不长于 4.5 mm，外观呈绿色半透明状。选取 3.5～4.5 mm 花蕾放入不锈钢小篮中，在 6％的次氯酸钠溶液中表面消毒 10～15 min,之后用无菌水漂洗 3～5 次，每次 5 min。

(6)将无菌花蕾移入研钵中，加入 4℃ 的 $B_5$ 培养基研磨。之后将研磨物用 50 $\mu m$ 尼龙网过滤。

(7)过滤之后的小孢子倒入离心管中，在 800～1 000 r/min 条件下离心 5～8 min。为确保花粉的纯净，可以重复一次离心过程。

(8)将纯净小孢子悬浮在 NLN 培养基中，培养密度为 75 000～100 000 个/

mL,小孢子密度可以用血球计数器测定。

　（9）将 10 mL 含有适当密度小孢子的 NLN 培养基倒入直径 6 cm 的培养皿,双层封口膜封口,置于黑暗条件下 30℃ 静止培养 14 d 之后,将培养皿移到慢速摇床上(60 r/min)继续培养 7 d。小孢子培养 2~3 d 后出现第一次细胞分裂(图5-1A),之后经历球形胚(图 5-1 B)、鱼雷形胚(图 5-1 C),形成子叶形胚(图 5-1 D,E)。

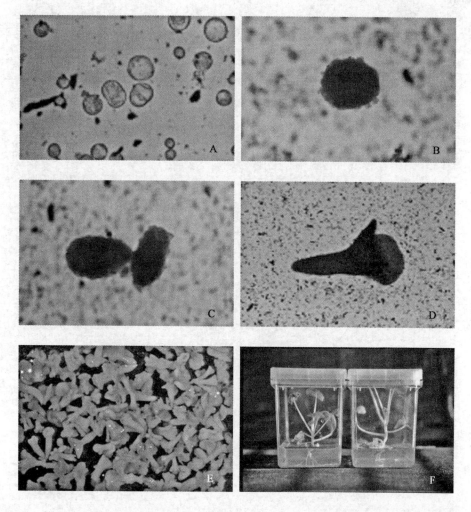

A:游离小孢子培养 3~5 d 后出现第一次细胞分裂(300×);B~D:持续细胞分裂,形成球形胚
(175×)、鱼雷形胚(100×)和子叶形胚(40×);E:大量形成的子叶形胚;F:再生植株。

**图 5-1　油菜(*Brassica rapa* L. ssp. *oleifera* cv. Cv-2)小孢子培养及植株再生过程**

(10)将胚状体移入 $B_5$ 固体培养基培养 $30\sim40$ d,培养条件为 $27℃$,12 h 光照,光照强度为 $70\ \mu mol/(m^2 \cdot s)$。

(11)将生根良好的幼苗(图 5-1F)移栽到含有草炭/蛭石营养钵中。新移栽的幼苗注意浇水和保湿。

(12)将成活幼苗的根部浸泡在 0.3%秋水仙碱溶液中 $1.5\sim3$ h 进行染色体加倍。

## 六、思考题

(1)简述血球计数器的使用方法。

(2)如何确定合适的灭菌时间?

# 实验二　烟草花药培养及植株再生

## 一、实验目的及意义

单倍体植株是进行遗传研究和单倍体育种的重要材料,目前,烟草花药培养是产生单倍体植株的最有效方法。

## 二、实验原理

同本章实验一中的实验原理。

## 三、实验仪器与药品

1. 玻璃仪器:直径 6 cm 玻璃培养皿,灭菌培养皿若干,量筒,容量瓶,不同规格的移液管。

2. 设备和用具:仪器设备包括超净工作台,冰箱,微波炉,高压灭菌锅,pH 计,0.000 1 g 分析天平。用具包括尖头镊,酒精灯,吸管和营养钵等。

3. 培养基:Nitsch (1967)配方,蔗糖 30 g/L,琼脂 0.8%,pH 5.8。

4. 消毒剂等其他试剂:70%酒精,0.1%的升汞(HgCl$_2$)溶液,无菌水,95%酒精,滤纸,草炭,蛭石等。

## 四、实验材料

烟草二核早期的花蕾。

## 五、操作步骤与方法

1. 烟草植株种于温室,温室条件为 16 h 光照,光照强度约为 200 $\mu$mol/(m$^2$·s),温度为 25℃/20℃(白天/夜间)。

2.取花药发育到二核早期的烟草花蕾,将萼片与花瓣等长的花蕾,置于铺有湿滤纸的培养皿内,在 5℃冰箱内处理 2~3 d 后,除去萼片,在 70％ 酒精中停留 0.5 min,再放入 0.1％ HgCl₂液中消毒 8 min,用无菌水洗涤 3~4 次后,用尖头镊剥开花瓣,取出花药(注意不得损伤花药,除尽花丝)。

3.基本培养基中大量元素、微量元素、有机成分采用 Nitsch (1967)配方,30 g/L 蔗糖,0.8％琼脂,pH 5.8。花药培养使用直径 6 cm 玻璃培养皿,每皿接种花药 16 个,按 4×4 方阵排列。接种后置光照 40 $\mu$mol/(m²·s)、12 h、温度(26±1)℃的人工日光管照明培养室培养。

4.待花药出苗后移栽到营养钵中。温室条件为 16 h 光照,光照强度约为 200 $\mu$mol/(m²·s),温度为 25℃/20℃(白天/夜间)。

## 六、思考题

(1)如何确定烟草花蕾的取材时期?

(2)为什么要对材料进行低温预处理?

# 实验三　水稻花药培养及植株再生

## 一、实验目的及意义

水稻是世界上主要的粮食作物之一,也是重要的模式植物之一。水稻花药培养指离体培养水稻花药或花粉粒,诱导小孢子形成愈伤组织进而分化成完整的水稻植株。我国水稻花药培养于 1974 年独创了 $N_6$ 培养基,此后曾广泛地开展旨在提高花培成效的基础研究。在杂交稻恢复系选育方面,花药培养已得到广泛应用。花培在常规稻育种中,已育成多个生产上推广的花培品种。花培还可与其他生物技术相结合,如花培用于转基因水稻目标性状的纯合、抗病育种等。

## 二、实验原理

同本章实验一中的实验原理。

## 三、实验仪器与药品

1. 玻璃仪器:试管或小三角瓶,灭菌培养皿若干,量筒,容量瓶,不同规格的移液管。

2. 设备和用具:仪器设备包括超净工作台,冰箱,微波炉或恒温水浴,高压灭菌锅,pH 计,0.000 1 g 分析天平。用具包括枪式镊子,手术剪,酒精灯,吸管和营养钵等。

3. 培养基:愈伤组织诱导培养基($N_6$＋2 mg/L 2,4-D＋1.0 mg/L NAA＋0.5％ LH);分化培养基($N_6$＋1～2 mg/L KT＋0.25～0.5 mg/L NAA＋3％麦芽糖,pH 5.8～6.0)。

4. 消毒剂等其他试剂:0.1％ I-KI 溶液,新洁尔灭消毒液,70％酒精,0.1％的升汞($HgCl_2$)溶液,无菌水,95％酒精,滤纸,草炭,蛭石等。

## 四、实验材料

花粉单核中期的水稻植株。

## 五、操作步骤与方法

(1)花药取自田间正常生长的水稻植株。花药培养的适龄期,根据多年的经验,以花粉发育至单核中期最好,不仅诱导绿苗率高,而且二倍体组织受到抑制不能成苗。这一花药适龄期的田间参考标准大体是:顶部第 2 叶的叶鞘距离剑叶约 3 cm,但每一品种和同一品种的不同生长季,都要经过镜检校正。

(2)采集的稻穗应立即携回实验室放入冰箱,5～10℃低温下保存。低温预处理的实验表明,以 8℃低温处理 12 d 最好,但处理期间必须注意稻穗的保鲜(保湿),为此,须将包装穗子的塑膜袋口扎紧。

(3)采集的稻穗低温预处理之后剥取其幼穗花序,依次从花序上、中、下三部位剥取花药,用 0.1% I-KI 溶液染色后镜检,细胞核处于周边即单核靠边期的花药就是单核中、晚期花药。

(4)将穗子自袋内取出后,最好先在新洁尔灭消毒液里浸泡一下,立即放入预先开机 15 min 的超净工作台内,在超净工作台内剥出穗子,按序号放入 50 mL 大试管中,随即注入 0.1%的升汞溶液消毒 10 min,以无菌水冲洗 3 次。

(5)将吹干的穗子上的小穗逐一剪入预先热压灭菌垫有干净滤纸的培养皿中,然后左手持小穗基梗,右手拿预先灭菌的锋利小剪,将颖壳连花药自其花丝顶端剪入培养皿的滤纸上,然后用灭菌的小镊子镊住颖壳顶部,开口向管内,轻轻敲进装有愈伤组织诱导培养基($N_6$＋2 mg/L 2,4-D＋1.0 mg/L NAA＋0.5% LH)的试管或小三角瓶中,放于 26～27℃恒温箱中避光培养。大试管接种 20 枚花药,25 mL 三角瓶 50 枚花药,塞上棉塞。

(6)芽的分化。将愈伤组织转移到分化培养基($N_6$＋1～2 mg/L KT＋0.25～0.5 mg/L NAA＋3%麦芽糖,pH 5.8～6.0)上进行分化培养。分化期间温度为 23～25 ℃,并保持 30 $\mu mol/(m^2 \cdot s)$ 的光照 9～11 h。

(7)壮苗与移栽。分化出的绿苗转移至改良 White 培养基上进行壮苗培养,也可先用培养液沙培后炼苗移栽。

## 六、思考题

(1)为什么在诱导愈伤时期需要暗培养?
(2)如何提高移栽苗的成活率?

# 实验四　甜菜雌性单倍体的离体诱导

## 一、实验目的及意义

通过花粉（花药）培养获得单倍体的方法是最为普遍的,但在雄性配子诱导反应较差的那些基因型中未授粉子房或胚珠培养能补充或者代替花粉（花药）培养方法。在离体条件下未受精胚囊细胞产生单倍体植株的现象称为"离体雌核发育（in vitro gynogenesis）"。植物离体雌核发育最初主要是未授粉胚珠或子房的培养,近年来有越来越多的研究者通过培养花蕾甚至花序来获得雌性单倍体,目前离体雌核发育应用得最成功的植物是甜菜,其次是洋葱、非洲菊、烟草等。

## 二、实验原理

"雌核发育"（gynogenesis）一词是指在离体条件下由未授粉胚囊产生单倍体胚和植株的过程。对未传粉子房或胚珠培养时,由胚囊细胞不经受精发育成胚或植株的遗传效果与此相似,故也称为雌核发育。该项研究成功的意义在于开辟了单倍体育种的另一途径,这对于花粉培育尚未获得成功和雄性不育的物种尤为重要。

## 三、实验仪器与药品

1.玻璃仪器：直径 5 cm 的培养皿,100 mL 烧杯若干,不锈钢小篮,试管,灭菌培养皿若干,量筒,容量瓶,不同规格的移液管等。

2.设备和用具:仪器设备包括超净工作台,冰箱,微波炉或恒温水浴,体视显微镜,电磁炉,高压灭菌锅,pH 计,0.000 1 g 分析天平。用具包括枪式镊子,手术剪,酒精灯,吸管和营养钵等。

3.培养基:B1 培养基、B2 培养基、B3 培养基、B4 培养基,配方见表 5-1。

4.消毒剂等其他试剂:70％酒精,3％次氯酸钠溶液,无菌水,0.2％秋水仙碱和0.25％ DMSO 溶液,95％酒精,草炭,蛭石等。

**表 5-1　甜菜子房培养中所用 B1~B4 培养基**

| 培养基成分 | B1 培养基 | B2 培养基 | B3 培养基 | B4 培养基 |
|---|---|---|---|---|
| MS 基本成分 | 标准 | 标准 | 标准 | 减半 |
| 琼脂糖 | 5.8 g/L | | | |
| 琼脂 | | 9 g/L | 9 g/L | 9.5 g/L |
| 蔗糖 | 80 g/L | 20 g/L | 30 g/L | 30 g/L |
| 6-BA | 1.33 $\mu$mol/L | | | |
| 2,4-D | 0.23 $\mu$mol/L | | | |
| Kinetin | | 0.93 $\mu$mol/L | 2.32 $\mu$mol/L | |
| NAA | | 0.54 $\mu$mol/L | | |
| IBA | | | 2.46 $\mu$mol/L | 24.6 $\mu$mol/L |
| pH | 5.8 | 5.8 | 5.8 | 5.8 |

## 四、实验材料

甜菜未开花的花蕾。

## 五、操作步骤与方法

(1)将甜菜植株种植在直径 15 cm 的营养钵中,移入生长温室,温室环境温度为(17±3)℃,16 h 光照,光照强度约为 200 $\mu$mol/(m$^2$ · s)。每天浇水施肥。

(2)采收还没有开花的花序,用于子房培养的供试材料。可将花序插入盛有清水的烧杯中置于 4~8℃冰箱中存放。

(3)选取没有开放的花蕾放入不锈钢小篮中,在 3% 的次氯酸钠溶液中表面消毒 5 min,之后用无菌水漂洗 3~5 次,每次 5 min。

(4)在超净工作台中的体视显微镜下剥取子房,将剥取的子房接种于 B1 培养基,直径 5 cm 的培养皿内可接种 20 个子房。双层封口膜封口,置于黑暗条件下 30℃静止培养。

(5)培养 30~60 d 以后,将产生的胚状体转入含有 B2 培养基的试管中,培养条件为 25℃,16 h 光照,光照强度为 50 $\mu$mol/(m$^2$ · s)。

(6)每隔 3~4 周,将新产生的胚状体和芽转入新鲜的 B2 培养基。

(7)将生长旺盛的芽转入含有预生根培养基 B3 的培养瓶中,2～3 周以后转入含有生根培养基 B4 的培养瓶中生根。之后每 6～8 周继代一次直至根系发育完全。将生根良好的幼苗移栽到含有草炭/蛭石营养钵中。新移栽的幼苗注意浇水和保湿。将成活幼苗的根部浸泡在 0.2% 秋水仙碱和 0.25% DMSO 溶液中 5 h 进行染色体加倍。

(8)待加倍后的植株恢复生长后进行春化处理 14 周,春化处理条件为 5℃,16 h 光照,光照强度为 60 $\mu$mol/(m$^2$·s)。春化后的植株经适应性生长 2 周后可移入生长温室,适应性生长条件为 12℃,16 h 光照,光照强度为 60 $\mu$mol/(m$^2$·s)。

## 六、思考题

(1)为什么要进行生根预培养?
(2)简述染色体加倍的原理。

# 实验五　大麦小孢子培养及植株再生

## 一、实验目的及意义

中国利用花药离体培养产生加倍单倍体植株(DHs)技术进行品种改良已取得巨大成就,并处于世界领先地位。大麦小孢子离体培养是真正意义上的单倍体细胞培养,它在学术和应用上有花药培养不可替代的价值,因而备受国内外研究者的重视。

## 二、实验原理

同本章实验一中的实验原理。

## 三、实验仪器与药品

1. 玻璃仪器:直径 9 cm 培养皿,直径 6 cm 一次性无菌培养皿,100 mL 烧杯若干,150 mL 或 200 mL 培养瓶若干,试管,灭菌培养皿若干,量筒,容量瓶。

2. 设备和用具:仪器设备包括超净工作台,冰箱,微波炉或恒温水浴,高压灭菌锅,pH 计,0.000 1 g 分析天平,血球计数器,移液器。用具包括枪式镊子,手术剪,酒精灯,吸管和营养钵等。

3. 培养基:改良 FHG 诱导培养基、FHG 分化培养基、MS 再生培养基,配方见表 5-2。

4. 消毒剂等其他试剂:醋酸洋红溶液,0.3 mol/L 甘露醇,凯福捷,70%酒精,3%次氯酸钠溶液,无菌水,95%酒精,草炭,蛭石等。

## 四、实验材料

小孢子发育处于单核早期、中期的麦穗。

### 表 5-2　大麦小孢子培养及植株再生用培养基

| 培养基成分 | 改良 FHG 诱导培养基（mg/L） | FHG 分化培养基（mg/L） | MS 再生培养基（mg/L） |
|---|---|---|---|
| **大量元素** | | | |
| $KNO_3$ | 1 900 | 1 900 | 1 900 |
| $NH_4NO_3$ | 165 | 165 | 1 650 |
| $KH_2PO_4$ | 170 | 170 | 170 |
| $MgSO_4 \cdot 7H_2O$ | 370 | 370 | 370 |
| $CaCl_2 \cdot 2H_2O$ | 440 | 440 | 440 |
| **微量元素** | | | |
| $Fe-Na_2 \cdot EDTA$ | 40 | 40 | 37.3 |
| $MgSO_4 \cdot 5H_2O$ | 22.3 | 22.3 | 22.3 |
| $H_3BO_3$ | 6.2 | 6.2 | 6.2 |
| $ZnSO_4 \cdot 7H_2O$ | 8.6 | 8.6 | 8.6 |
| $CoCl_2 \cdot 6H_2O$ | 0.025 | 0.025 | 0.025 |
| $CuSO_4 \cdot 5H_2O$ | 0.025 | 0.025 | 0.025 |
| $Na_2MoO_4 \cdot 2H_2O$ | 0.25 | 0.25 | 0.25 |
| KI | | | 0.83 |
| **其他成分** | | | |
| 谷氨酸 | 750 | | 146 |
| 脯氨酸 | | 690 | |
| 干酪素水解物 | | 1 000 | |
| 肌醇 | 100 | 250 | 100 |
| 维生素 $B_1$ | 0.4 | 0.1 | 0.4 |
| 烟酸 | | 0.5 | 0.5 |
| 维生素 $B_6$ | | 0.5 | 0.5 |
| 蔗糖 | | | 30 000 |
| 麦芽糖 | 62 000 | 30 000 | |
| PAA | 10 | | |
| IAA | | | 1 |
| BAP | 1 | 0.4～1 | |
| Kinetin | | | 1 |
| 植物凝胶 | 3 000 | 3 000 | 3 000 |
| pH | 5.8 | 5.8 | 5.8 |

注:引自 Kasha et al.,2003。

## 五、操作步骤与方法

(1)大麦花粉培养供体植株种植于温室中。温室条件为 16 h 光照,光照强度为 $350\sim400~\mu mol/(m^2 \cdot s)$,温度为 20℃/15℃(白天/夜间)。

(2)用醋酸洋红溶液染色后镜检,细胞核处于单核中、晚期花粉适合花粉培养。

将穗中部花粉处于单核中、晚期的大麦穗剪下,插入盛有清水的烧杯中置于4℃冰箱存放。

(3)将麦穗在3%的次氯酸钠溶液中表面消毒10~15 min,之后用无菌水漂洗3~5次,每次5 min。

(4)将麦穗放入直径9 cm培养皿,倒入10~15 mL 0.3 mol/L甘露醇在4℃冰箱内进行预处理3~5 d。

(5)在无菌条件下将麦穗剪成2~3 cm小段,放入经冰箱预冷的粉碎机盛物杯内,加入0.3 mol/L冰温甘露醇至盛物杯体积一半,在中低速条件下粉碎5~10 s。粉碎时间过长、速度过高会损伤小孢子,降低其活性。

(6)将粉碎混合物用100 $\mu$m尼龙网过滤,可用0.3 mol/L冰温甘露醇淋洗1~2次。过滤之后的小孢子倒入离心管中,在$50 \times g$(900 r/min)条件下离心5 min。为确保小孢子的纯净,可以重复1~2次离心过程。

(7)将纯净小孢子悬浮在改良FHG诱导培养基中,用吸管将小孢子悬浮液移入直径6 cm一次性无菌培养皿内,双层封口膜封口,皿内最终改良FHG诱导培养基体积为2~2.5 mL,小孢子培养密度为100 000个/mL,小孢子密度可以用血球计数器测定。另外,改良FHG诱导培养基中可加入200 $\mu$g/mL凯福捷(Cefotaxime,sigma C-7039)用以控制污染。

(8)培养皿置于黑暗条件下25℃静止培养21~28 d。之后,一些生长较快的胚状体(1~2 mm)可直接移入MS再生培养基。对于大部分较小的胚状体,移入FHG分化培养基1~2周,使其继续生长,之后移入MS再生培养基。培养条件为25℃,8 h光照,光照强度为50 $\mu$mol/(m²·s)。

(9)将生根良好的幼苗(3~4叶)移栽到含有草炭/蛭石营养钵中。新移栽的幼苗注意浇水和保湿。大麦小孢子培养获得的植株大多具有良好的可育性,一般不需要进行染色体加倍。

## 六、思考题

(1)简述离心过程中的技术要点。

(2)游离小孢子时的注意事项有哪些?

# 第六章

# 原生质体培养、
# 融合及植株再生

# 实验一 芥菜原生质体培养及植株再生

## 一、实验目的及意义

芥菜（*Brassica juncea*）属于十字花科芸薹属蔬菜作物中的重要种类,具有丰富的形态变异类型。它可分为根芥、茎芥、叶芥和薹芥四大类型,其产品器官除了鲜食外,还用于加工消费,对我国国民经济的发展起着较大的作用。植物原生质体除了可以作为细胞壁再生、细胞分裂和细胞分化等基础理论研究外,还是进行基因导入、细胞杂交等作物品种改良和种质创新的理想材料。因此,芥菜原生质体培养及植株再生体系的建立可以为其遗传改良提供良好的实验体系,对芥菜品种改良,尤其是抗病毒品种的繁育具有重要意义。

## 二、实验原理

植物原生质体(protoplast)是除去细胞壁后为质膜所包围的"裸露细胞"。植物细胞壁主要由纤维素、半纤维素和果胶质组成,因而使用纤维素酶、半纤维素酶和果胶酶能降解细胞壁成分,除去细胞壁,即可得到原生质体。由于原生质体内部与外界环境之间仅隔一层细胞膜,因此,原生质体分离和培养过程中必须保持在渗透压平衡的溶液中才能保持其完整性与活力。由于原生质体具备了完整的细胞器(包括细胞核),与植物细胞一样具有全能性,因此在合适的离体培养条件下具有分裂和再生成完整植株的能力。植物原生质体培养就是通过原生质体分离、纯化、培养,得到再生植株的过程。本文以茎芥为例介绍原生质体再生植株的基本方法和过程。

## 三、实验仪器与药品

实验仪器除了常规的植物组织培养仪器外,还需要细菌过滤器、不同大小型号的培养皿、离心管、过滤漏斗和筛网(200目)、吸管和皮头(以上用品都要求无菌)、倒置显微镜、血球记数板等。实验试剂除了常规的植物组织培养试剂外,还需要纤维素酶(Cellulase Onozuka RS)和果胶酶(Pectorlase Y23)等酶制剂(过滤灭菌),2-N-吗啉乙烷磺酸[2-(N-Morpholino)ethanesulfonic acid,简称 MES],甘露醇,琼脂糖(低熔点),CPW 溶液(组成为:27.2 mg/L $KH_2PO_4$、101.0 mg/L $KNO_3$、2 600 mg/L $CaCl_2 \cdot 2H_2O$、246 mg/L $Mg_2SO_4 \cdot 7H_2O$、0.16 mg/L KI、0.02 mg/L $CuSO_4 \cdot 5H_2O$ 及 0.4 mol/L 甘露醇,pH 5.6)。

## 四、实验材料

茎芥种子用自来水冲洗后,先用 70% 的酒精消毒 30 s,再用 2% 次氯酸钠消毒 10~15 min(加入几滴洗洁精)。用无菌水冲洗 3 遍后,接种在 1/2 MS+0.1 mg/L 6-BA 的培养基上培养,培养条件为温度(24±2)℃,光照强度 80 $\mu mol/(m^2 \cdot s)$,16 h/d。取 10 d 左右苗龄的无菌苗子叶或下胚轴作为原生质体分离的起始材料。

## 五、操作步骤与方法

### (一)原生质体的分离和纯化

将原生质体分离的起始材料置于无菌滤纸上,用解剖刀将子叶切成 0.5 mm×0.5 mm 的小块,或将下胚轴纵向切成 4 等份(图 6-1),放入配制好的酶液中,每 10 mL 酶液加材料 1 g 左右。酶液组成为:0.5% (W/V)Cellulase Onozuka RS,0.1% (W/V)Pectorlase Y23,2 mmol/L MES,3 mmol/L $CaCl_2$ 及 0.4 mol/L 甘露醇,pH 5.6。然后置于摇床(50 r/min)上,在 26~28℃黑暗条件下酶解 3~4 h。酶解结束后,原生质体酶混合液用 50 $\mu m$ 过滤网除去未完全消化的残渣,然后倒入 10 mL 离心管在 50×g 条件下离心 3 min,用吸管吸去上清液,加入 CPW 洗液,将离心下来的原生质体重新悬浮在洗液中,相同条件下再次离心,弃上清液,如此重复 3 次。最后用液体原生质体培养基清洗 1 次,并用血球计数板将原生质体密度调整到 1×10⁵ 个/mL(图 6-2)。原生质体液体培养基的组成:改良的 MS 培养基(大量元素中 $NH_4NO_3$ 的含量为 400 mg/L,其余不变),2.5 mg/L 2,4-D,0.5 mg/L KT,0.4 mol/L 甘露醇。

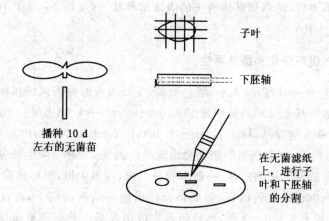

**图 6-1　子叶和下胚轴的分割示意图**

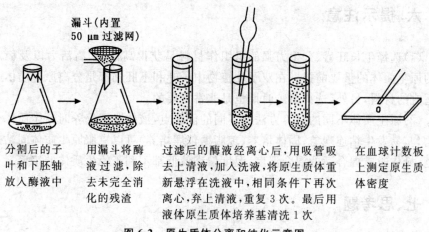

**图 6-2　原生质体分离和纯化示意图**

## (二)原生质体的培养

将调整好密度的液体原生质体培养基迅速与融化了的固体培养基(50℃)等比例混合,放在 25℃ 下暗培养。原生质体固体培养基的组成:改良的 MS 培养基(同上),0.5 mg/L BA,1 mg/L 2,4-D,0.5 mg/L NAA,0.4 mol/L 甘露醇,1.2% 琼脂糖。经过培养,原生质体出现一次分裂、二次分裂以及小细胞团的形成,此时分别统计原生质体的一次分裂频率、二次分裂频率以及小细胞团形成频率。经过 1 个月左右时间的培养,形成肉眼可见的微愈伤组织。此时,将带有微愈伤组织的培养基切成小块后,转移到低渗透压的固体培养基上(含 0.2 mol/L 甘露醇,0.8%琼脂)进一步生长。

### (三)愈伤组织分化和植株再生

挑选 0.5～1 cm(直径)大小、颜色微黄、生长致密的愈伤组织接种在愈伤组织诱导芽分化培养基上[25℃,光照强度 30 $\mu$mol/($m^2 \cdot$ s),16 h/d]。分化芽培养基组成:改良的 MS 培养基(同上),1 mg/L BA,0.2 mg/L NAA,0.8%琼脂。经过 1 个月左右的培养,在愈伤组织表面会出现绿色的芽点,进一步生长分化出芽。分化出的芽常常表现为短缩的茎,一般不容易生根,或虽生根,但移栽后不容易成活。为了获得较高生根质量的植株,需要将分化出的芽从基部切下,放在不加激素的 1/2 MS 培养基上生长 1～2 周,然后转入生根培养基上获得完整植株。生根培养基组成为:1/2 MS (大量元素减半),0.1 mg/L NAA,0.7%琼脂。

## 六、提示注意

(1)选择生长旺盛、分生力强的组织作材料是获得高得率、高活力以及稳定性好的原生质体的重要前提。在双子叶植物中子叶和下胚轴都是分离原生质体的比较适宜的材料,另外,选择苗龄时期也是非常重要的。

(2)原生质体不同的培养方法有不同的优缺点,液体浅层培养时原生质体分布不均匀,易发生粘连现象;固体培养(琼脂糖包埋培养)可以克服原生质体间粘连等问题,操作时掌握合适的混合温度,温度偏高偏低都不利于原生质体的培养。

## 七、思考题

(1)要获得高得率和高活力及稳定性好的原生质体,双子叶植物在取材时应注意哪些问题?

(2)琼脂糖包埋培养时的混合温度偏高、偏低分别会对原生质体培养产生怎样的影响?

# 实验二　水稻原生质体培养及植株再生

## 一、实验目的及意义

水稻(*Oryza sativa*)是世界重要的粮食作物,全世界约有120个国家种植水稻。由于植物病害及常规育种的局限性,致使品质下降,抗性降低,产量受到很大影响。水稻的近缘或远缘种具有一些优良性状,如抗病、抗虫、抗逆等。将这些性状导入水稻,是培育水稻高产、抗病品种的有效途径。由于原生质体是一种优越的单细胞体系,是应用于外源基因导入、体细胞杂交等的理想受体,因而原生质体培养及植株再生体系的建立是水稻进行遗传改良的一项非常重要的技术。

## 二、实验原理

利用建立胚性细胞系来制备原生质体,是禾本科作物原生质体培养获得再生植株的重要方法。建立胚性细胞系首先要从具有分化潜力大的外植体(如未成熟胚、幼花序、幼叶或成熟胚诱导愈伤组织)中选择,选出胚性细胞系用以制备原生质体,进行培养才能得到再生植株。这是禾本科作物原生质体培养中要注意的重要环节之一。另外,选择合适的基因型和合适的培养基与培养技术也是非常重要的。本文以水稻为例介绍原生质体培养再生植株的基本方法和过程。

## 三、实验仪器与药品

实验室要具备常规的植物细胞和组织培养仪器。药品除了常规的植物组织培养药品外,还需要纤维素酶(Cellulase Onozuka RS)和果胶酶(Pectorlase Y23)等酶制剂(过滤灭菌),MES,琼脂糖(低熔点),甘露醇等。原生质体清洗溶液为CPW溶液(配方同上,其中含0.5 mol/L甘露醇)。

## 四、实验材料

成熟水稻种子脱去外壳后,置于 70% 的酒精中搅拌 3 min,然后取出米粒用无菌水冲洗后用 2% 次氯酸钠消毒 15～20 min,最后用无菌水冲洗 3 次。将吸干表面水分的米粒接种在愈伤组织诱导培养基上。愈伤组织诱导培养基的组成:MS 培养基,2 mg/L 2,4-D,3% 蔗糖。15～20 d 后将新形成的愈伤组织从母体上切下,转入愈伤组织继代培养基进行增殖培养后作为建立悬浮细胞系的起始材料。愈伤组织继代培养基的组成:MS＋1 mg/L 2,4-D＋0.5 mg/L BA＋1 mg/L NAA＋3% 蔗糖。

## 五、操作步骤与方法

### (一)悬浮细胞系的建立

从继代培养的愈伤组织中挑选生长旺盛、色泽淡黄而又呈颗粒状的愈伤组织,接入悬浮培养基($N_6$＋1.5 mg/L 2,4-D＋0.2 mg/L ZT＋2 g/L 脯氨酸)进行液体悬浮培养。培养温度为 27℃,振荡速度为 120 r/min,培养初期 7～10 d 继代 1 次,以后 5～7 d 继代 1 次,待悬浮系基本建成后,3～4 d 继代 1 次。

### (二)原生质体分离和纯化

取已建立的悬浮细胞系 1 g 左右,放入 10 mL CPW 盐配置的酶液中,酶液组成为:2%($W/V$)Cellulase Onozuka RS,0.1%($W/V$)Pectorlase Y23,5 mmol/L MES,及 0.5 mol/L 甘露醇,pH 5.6。将酶混合液放在平台摇床上(60 r/min)酶解 3～4 h,酶解完成后,用孔径为 60 $\mu$m 过滤网除去未完全消化的残渣,然后倒入 10 mL 离心管在 50×$g$ 条件下离心 5 min,用吸管吸去上清液,加入 CPW 洗液,将离心下来的原生质体重新悬浮在洗液中,相同条件下再次离心,弃上清液,如此重复 3 次。最后用液体原生质体培养基清洗 1 次,水稻原生质体的培养通常采用 KPR 培养基,用血球计数板将原生质体密度调整到(0.5～1.0)×$10^5$ 个/mL。水稻原生质体的培养可以采用液体浅层培养、琼脂糖包埋培养和固-液双层培养,其中固-液双层培养的具体操作为:在 60 mm×5 mm 的培养皿内,先放入 1 mL 含 1% 琼脂糖的原生质体培养基,待其冷却凝固后,再加入含有适当密度的原生质体的液体培养基 0.5～0.7 mL。将培养皿用封口膜封口后培养。

### (三)愈伤组织分化与植株再生

原生质体经过 4~5 周的培养能够形成肉眼可见的小愈伤组织,挑选直径为 1~2 mm 的愈伤组织转移到含 8‰蔗糖的 $N_6$ 基本培养基上诱导体细胞胚胎的发生。转移后大约 15 d 有部分愈伤组织分化出具有盾片和胚芽鞘的胚状体,然后进一步萌发为小植株。

## 六、提示注意

(1)建立起生长旺盛、细胞质浓厚、分散程度好的悬浮细胞培养物是获得高质量原生质体的基础。在这方面,选择适宜的悬浮培养基,加入适当的附加物及掌握合适的游离时期都是很重要的。

(2)植板密度对原生质体培养影响很大,过高过低的植板密度都不利于原生质体的培养。

## 七、思考题

(1)建立胚性细胞系在水稻原生质体培养再生植株中有何作用?

(2)原生质体的密度对培养有何影响?

# 实验三　石竹科植物细胞融合及植株再生

## 一、实验目的及意义

植物细胞融合可以使不能通过有性杂交亲本之间的遗传物质进行重组,不仅包括核基因组的重组,也包括细胞质基因组的重组,从而达到利用远源基因改良植物性状的目的,在植物遗传育种方面具有重要意义。石竹科植物是重要的观赏园艺植物,包括了香石竹(*Dianthus caryophyllus*)、中国石竹(*Dianthus chinensis*)和美国石竹(*Dianthus barbatus*)等重要观赏物种。利用细胞融合技术可以克服种、属之间有性杂交不亲和障碍,育成具有不同花型、花色的石竹科植物新品种。

## 二、实验原理

植物细胞融合又称原生质体融合,是指通过化学或物理诱导使两种异源(种、属间)原生质体进行融合,然后进行离体培养,使其再生成杂种植株的技术。本实验以中国石竹和美国石竹材料为例,介绍原生质体融合及杂种植株再生的基本过程。

## 三、实验仪器与药品

常规组织和细胞培养仪器与药品,还需要纤维素酶(Cellulase Onozuka RS)、果胶酶(Pectorlase Y23)及崩溃酶(Driselase)等酶制剂,以及聚乙二醇(PEG,MW4000),N-2-羟乙基-哌嗪-N′-2-乙磺酸(HEPES),甘露醇等试剂。

## 四、实验材料

中国石竹和美国石竹的种子或枝条用自来水冲洗干净后,先用70%的酒精消毒30 s,再用2%次氯酸钠消毒10～15 min(加入几滴洗洁精)。用无菌水冲洗3遍后,接种在1/2 MS+2%蔗糖+0.8%琼脂的培养基上进行培养获得无菌试管苗,培养温度为 27℃,光照强度为 35 $\mu$mol/(m² · s),光照时间为 16 h/d。试管苗经继代培养 3 周后取完全展开叶片为原生质体分离的起始材料。

## 五、操作步骤与方法

### (一)原生质体的分离与纯化

将经过继代培养的中国石竹和美国石竹试管苗的叶片置于无菌滤纸上,切成 0.5 mm 宽的小条。在酶解前先将材料放入含有 0.5 mol/L 甘露醇的 CPW 溶液中保温 1 h(27℃,黑暗),进行预质壁分离处理。然后放入配制好的酶液中,置于摇床(30 r/min)上,在 27℃黑暗条件下酶解 5 h。酶液组成为:2% (W/V)Cellulase Onozuka RS,0.1% (W/V)Pectorlase Y23,1% Driselase,5 mmol/L MES 及 0.5 mol/L 甘露醇,pH 5.8。酶解结束后,用 60 $\mu$m 的过滤网过滤酶解混合物,滤去未酶解的组织混合物,然后将原生质体酶液转移到 10 mL 离心管中,在 120×$g$ 条件下离心 3 min,用吸管吸去上清液,加入 0.5 mol/L 蔗糖洗液,将离心下来的原生质体重新悬浮在洗液中,相同条件下再次离心,弃上清液,如此重复 2 次。

### (二)原生质体的融合

将分离纯化过的两种原生质体悬浮于 0.5 mol/L 甘露醇溶液中,密度均调节为 1×10⁶ 个/mL,然后进行原生质体融合。原生质体融合的方法采用 PEG 法,分别取 0.5 mL 两种原生质体悬浮液于培养皿中,加入 1 mL 缓冲液与其充分混合。缓冲液的组成为:40%(W/V)PEG 溶液(MW4000)和 50 mmol/L CaCl₂ · 2H₂O 溶解在 50 mmol/L HEPES(N-2-羟乙基-哌嗪-N'-2-乙磺酸)溶液中,pH 6.5。在 25℃下放置 30 min 后,缓缓地加入 10 mL 的清洗液(0.5 mol/L 甘露醇,50 mmol/L CaCl₂ · 2H₂O,pH 10.5),然后将 PEG 处理过的原生质体混合液转移到离心管中离心 3 min(120×$g$),再用 0.5 mol/L 甘露醇溶液清洗 2 次后,进行原生质体的培养。

### (三)杂种细胞的选择培养及植株再生

将以上经过融合处理的原生质体悬浮于改良 MS 培养基(MS+5 mg/L NAA+1 mg/L ZT+2%蔗糖+0.5 mol/L 甘露醇)进行微滴培养,密度为 1×10⁵ 个/mL。取直径 6 cm 培养皿,每只装 3 $\mu$L 的原生质体悬浮液,于 27℃条件下暗培养,2 个月后将细胞分裂形成的微愈伤组织转入愈伤组织培养基上,其组成:MS 培养基,5 mg/L NAA,1 mg/L ZT,2%蔗糖,0.8%琼脂,pH 5.8。挑选生长较好的愈伤组织进行芽的诱导培养,诱导芽培养基为:MS 培养基,1 mg/L NAA,5 mg/L ZT,2%蔗糖,0.8%琼脂,pH 5.8。切取诱导出的芽置于生根培养基(1/2 MS＋2%蔗糖＋0.8%琼脂)诱导生根[27℃,35 $\mu$mol/(m² · s)连续光照]。

### (四)杂种植株的鉴定

以两亲本为对照,进行杂种植株的形态学、细胞学和分子标记的鉴定。先可根据花的颜色和形状、叶形、气孔等进行形态学的初步观察。再取根尖或茎尖作染色体鉴定。最后采用 RAPD、SSR、AFLP 等分子标记进行杂种植株的鉴定。

## 六、提示注意

(1)在制备原生质体前对供体材料进行预处理往往有助于获得高质量的原生质体,预质壁分离是其中方法之一。预质壁分离使原生质体与细胞壁先分离,然后再放入酶液中去除细胞壁,可加快原生质体的释放,提高原生质体的活力。

(2)在原生质体的分离及融合过程中操作要轻缓,避免剧烈振荡。

## 七、思考题

(1)如何提高植物细胞融合的频率?

(2)制备原生质体前对供体材料进行预处理的常用方法有哪些?

# 实验四　普通小麦和簇毛麦细胞融合及植株再生

## 一、实验目的及意义

小麦(*Triticum aestivum*)是重要粮食作物,其遗传改良的研究一直受到全世界科学家们的关注。由于细胞融合可以打破依赖有性杂交重组基因创造新种的界限,大大地扩大了遗传物质的重组范围,成为农作物创造远缘杂种的重要途径之一。

## 二、实验原理

植物细胞融合可分为对称融合和非对称融合。对称融合一般是指种内或种间完整原生质体的融合,可产生核与核、胞质与胞质间基因组重组的对称杂种,并可发育为遗传稳定的异源双二倍体杂种植株。远缘种、属间经对称融合产生的杂种细胞在发育过程中,常发生一方亲本的全部或部分染色体以及胞质基因组丢失或排斥的现象,形成核基因组不平衡或一部分胞质基因组丢失的不对称杂种。非对称融合是指用物理或化学方法处理亲本原生质体,使一方细胞核失活,或也使另一方胞质基因组失活,再进行原生质体融合,这样得到的融合后代只具有一方亲本的细胞核,形成不对称杂种。本实验以普通小麦(*Triticum aestivum*)与簇毛麦(*Haynaldia villosa*)不对称体细胞杂交为例介绍农作物细胞融合及植株再生的基本过程。

## 三、实验仪器与药品

常规组织和细胞培养仪器与药品,纤维素酶(Onozuka RS)及果胶酶(Pectolyase Y23)等酶制剂,聚乙二醇(PEG),甘露醇,葡萄糖,甘氨酸,谷氨酰胺,水解酪蛋白,葡聚糖硫酸钾,牛血清蛋白等。

## 四、实验材料

普通小麦济南 177 和簇毛麦的幼胚。

## 五、操作步骤与方法

### (一)胚性愈伤组织的诱导和胚性悬浮系的建立

在无菌条件下将幼胚挑出,接种在加 2 mg/L 2,4-D 的 MB 培养基上诱导愈伤组织,然后在相同的培养基上每 15～20 d 继代培养 1 次。当愈伤组织上长出淡黄颗粒或粉粒状容易分散的结构时,可放在成分相同的液体培养基中悬浮培养,7 d 为一个继代周期。待培养物形成生长快、分散性好的胚性细胞系时,可用于原生质体的分离和培养。本实验采用的细胞融合受体材料为普通小麦济南 177 为细胞悬浮系(由于长期继代分化能力已基本丧失)。供体材料为簇毛麦幼胚诱导产生的胚性愈伤组织(可以再生,但其原生质体不能持续分裂)。

### (二)原生质体的分离和纯化

分别取继代培养 4～5 d 的悬浮细胞和胚性愈伤组织,按材料:酶液＝1:2 的体积比加入酶液。酶液成分为:2% Onozuka RS,0.5% Pectolyase Y23,0.6 mol/L 甘露醇,0.3%葡聚糖硫酸钾,0.5%牛血清蛋白,pH 5.8。混合物在 25℃黑暗条件下保温 2～4 h。分离的原生质体用 300 目不锈钢网过滤,离心收集。用含 0.6 mol/L 甘露醇＋5 mmol/L $CaCl_2$ 洗液洗涤 2 次后,再用原生质体培养液洗涤 1 次,然后将原生质体密度调整到 $1×10^6$ 个/mL 备用。

### (三)原生质体融合

供体原生质体的紫外线处理:先在玻璃培养皿上平铺一层供体原生质体,然后在强度为 360 $\mu W/cm^2$ 的紫外线条件下处理 30 s,再将制备好的受体与紫外线处理过的供体原生质体以 1:1 比例混合,采用 PEG 诱导融合法进行原生质体的融合。

### (四)原生质体培养及再生

将以上经过融合处理的原生质体用 $P_5$ 培养基进行浅层培养。$P_5$ 培养基组成：MS 大量和微量元素，$B_5$ 维生素，2 mg/L 甘氨酸，146 mg/L 谷氨酰胺，500 mg/L 水解酪蛋白，0.5 mol/L 葡萄糖，10 g/L 蔗糖，1 mg/L 2,4-D。原生质体经过培养后分裂形成的小愈伤组织或体细胞胚在 MB 培养基上增殖。MB 培养基的组成为：MS 大量和微量元素，$B_5$ 维生素，2 mg/L 甘氨酸，146 mg/L 谷氨酰胺，300 mg/L 水解酪蛋白，300 g/L 蔗糖，1 mg/L 2,4-D。然后转移到含 1 mg/L IAA＋1 mg/L 玉米素的 MB 培养基上分化出再生植株，部分无根的植株转入含 0.5 mg/L NAA 的 MB 培养基上诱导生根。

## 六、提示注意

原生质体融合方法主要有：高 pH 高浓度的钙离子法、聚乙二醇（PEG）法及电融合法，每种方法都有其特点，因此，在能得到满意的融合率的前提下，应尽量降低 PEG 的浓度。

## 七、思考题

(1)怎样获得高质量的植物原生质体？
(2)植物原生质体融合过程中应注意哪些问题？

# 实验五　烟草叶肉细胞原生质体的游离与融合

## 一、实验目的及意义

原生质体融合是一种较新的远缘杂交方法，为人们提供新的育种方法。两个亲缘关系较远的植株用一般杂交方法是不容易成功的，而用细胞融合的方法却可能成功。首先，两个原生质体融合形成异核体，异核体再生出细胞壁，进行有丝分裂，再发生核融合，产生杂种细胞，由此可培养新的杂种。通过本实验的学习，可以掌握植物叶肉细胞原生质体分离技术和植物叶肉细胞原生质体 PEG 融合技术。

## 二、实验原理

植物的细胞壁主要由纤维素、半纤维素和果胶质构成。一般而言，纤维素占细胞壁干重的 $25\%\sim50\%$，半纤维素占细胞壁干重的 $53\%$ 左右，果胶质一般占细胞壁的 $5\%$ 左右，根据不同的植物细胞特性，选择不同的纤维素酶、果胶酶，有的材料需加入半纤维素酶，可有效地去除细胞壁，而不伤害细胞本身，从而获得大量去壁的原生质体。然后用电激、振动、PEG 等方法将原生质体融合，在融合过程中，细胞核也会融合，融合后的细胞体积膨大一些。表现出两种植物体的性状。

常用的化学融合方法有高 pH，高 $Ca^{2+}$ 法和聚乙二醇（PEG）法。高 pH，高 $Ca^{2+}$ 法诱导原生质体融合的基本原理是中和原生质体表面所带的电荷，使原生质体的质膜紧密接触，从而有利于质膜的接触融合。PEG 处理原生质体可以使原生质体聚集促进融合。

## 三、实验仪器与药品

超净工作台，低速离心机，控温摇床，手术刀，镊子，培养皿等。
基本培养基，甘露醇，Cellulase Onzuka R-10，Macerozyme R-10，PEG 等。

## 四、实验材料

烟草无菌苗叶片。

## 五、操作步骤与方法

### (一)原生质体的分离与纯化

将 1 g 幼嫩植株的叶片用手术刀切成细丝,移入到经过微孔过滤器(0.22 μm)过滤灭菌的 10 mL 酶溶液(表 6-1)中,在(27±1)℃、黑暗条件下以 40 r/min 的速度振荡处理 6~8 h,酶解后,用 0.4 mm 孔径的不锈钢网筛过滤原生质体酶解液,以除去组织碎片。然后将滤液小心地置于 20% 蔗糖溶液上,在 350×g 下离心 10 min。收集原生质体,用原生质体培养基(表 6-2)洗涤 1 次,并将原生质体悬浮于培养基中。

**表 6-1　酶溶液的组成**

| 组　成 | 浓　度 |
| --- | --- |
| Macerozyme R-10 | 0.5% |
| Cellulase Onozuka R-10 | 1.0% |
| D-mannitol | 0.45 mol/L |
| $KH_2PO_4$ | 27.2 mg/L |
| $KNO_3$ | 101.0 mg/L |
| $CaCl_2 \cdot 2H_2O$ | 1 480.0 mg/L |
| $MgSO_4 \cdot 7H_2O$ | 246.0 mg/L |
| KI | 0.16 mg/L |
| $Cu_2SO_4 \cdot 5H_2O$ | 0.025 mg/L |
| pH | 5.8 |

注:引自陈名红,2006。

**表 6-2　原生质体培养基组成**

| 组　成 | 浓　度 |
| --- | --- |
| D-mannitol | 10% |
| $KH_2PO_4$ | 27.2 mg/L |
| $KNO_3$ | 101.0 mg/L |
| $CaCl_2 \cdot 2H_2O$ | 1 480.0 mg/L |
| $MgSO_4 \cdot 7H_2O$ | 246.0 mg/L |
| KI | 0.16 mg/L |
| $Cu_2SO_4 \cdot 5H_2O$ | 0.025 mg/L |
| pH | 5.8 |

注:引自陈名红,2006。

### (二)原生质体融合和培养

原生质体融合采用 PEG，高 $Ca^{2+}$，高 pH 法。以 1∶1 的比例将烟草叶肉原生质体进行混合，将原生质体混合液滴于无菌干燥的培养皿底部，在其上迅速滴加 PEG 融合液(表 6-3)，处理 10 min。融合处理后，将融合原生质体用原生质体培养基轻轻洗涤 2 次，(27±1)℃、黑暗条件进行液体浅层培养。

**表 6-3　PEG 融合液的组成**

| 组　　成 | 浓　　度 |
| --- | --- |
| PEG 6000 | 30.0% |
| $Ca(NO_3)_2 \cdot 5H_2O$ | 0.1 mol/L |
| D-mannitol | 0.5 mol/L |
| pH | 9.0 |

## 六、提示注意

(1)选取生长旺盛、生命力强的组织和细胞是获得高活力原生质体的关键，并影响着原生质体的复壁、分裂、愈伤组织形成乃至植株再生。叶片一般使用田间生长植株的幼嫩叶片或在新鲜培养基上继代培养一定时期的试管苗。

(2)叶片和下胚轴等组织切成小块放入酶液中后，可真空抽滤，使酶液渗入组织中，提高酶解效率。

## 七、思考题

(1)简述原生质体分离的方法。
(2)简述原生质体融合的方法。

# 第七章

# 植物细胞
# 培养与次生代谢

# 实验一　烟草愈伤组织的诱导和培养

## 一、实验目的及意义

植物愈伤组织的诱导和培养在植物科学的基础研究和应用研究中都具有重要的意义。通过本实验,可以初步掌握植物外植体材料消毒、接种的无菌操作技术,愈伤组织的诱导方法和愈伤组织继代培养的方法。

## 二、实验原理

植物组织与细胞培养是应用无菌操作的方法培养离体的植物器官、组织或细胞的过程。如果组织培养使用的植物材料是带菌的,在接种前就必须选择合适的消毒剂对植物外植体进行表面消毒,获得无菌材料进行组织培养,这是取得植物组织培养成功的基本前提和重要保证。由于植物细胞具有全能性,外植体在合适的培养基上通过脱分化,形成一种能迅速增殖的无特定结构和功能的细胞团——愈伤组织(callus)。植物生长调节剂如2,4-二氯苯氧乙酸(2,4-D)等是诱导外植体形成愈伤组织的重要因素。图 7-1 为烟草叶片外植体诱导愈伤组织及其再生的过程。

## 三、实验仪器与药品

无菌吸水纸,一次性手套,脱脂棉花,标签纸,记号笔,超净工作台,酒精灯,烧杯,镊子,剪刀,解剖刀等。1‰氯化汞(HgCl$_2$)、75％乙醇、无菌水、吐温-20(Tween-20),愈伤组织诱导培养基 MS-1(MS 基本培养基＋1 mg/L 2,4-D＋0.1 mg/L KT＋8 g/L 琼脂,其配制方法见第一章的实验三)。

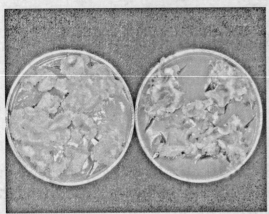

**图 7-1　烟草叶片愈伤组织诱导,植株分化与植株再生**

## 四、实验材料

烟草无菌苗或盆栽苗。

## 五、操作步骤与方法

(1)接种前,用 75%的乙醇棉球擦拭超净工作台台面,将培养基及接种用具放入超净工作台台面,打开超净工作台紫外灯,照射 20～30 min,然后开送风开关,之后关闭紫外灯,通风 20 min 后,再开日光灯即可进行外植体的消毒和接种等无菌操作。

(2)如果采用烟草盆栽苗,首先进行灭菌操作。取新鲜幼嫩的烟草叶片,用自来水冲洗干净,用 75%乙醇溶液浸泡 30 s 后,移入添加 1～2 滴吐温-20 的 1‰氯化汞溶液中分别浸泡 5 min、10 min 和 15 min。用无菌水洗涤 4 次,无菌纸吸干水分后,置于经灭菌处理的培养皿中。使用镊子、剪刀和解剖刀时,应先在酒精灯火焰上炽烧片刻,充分冷却后,再将幼嫩的烟草叶片剪(切)成 1 cm × 1 cm 大小见方小片。以上操作都要求在酒精灯火焰旁边进行。如果采用的是无菌苗可以直接进行剪切,省去了灭菌的步骤。

(3)用无菌的镊子,将烟草叶片接种至盛愈伤组织诱导培养基 MS-1 的培养皿中,每皿接种 3～4 块,封口后,贴上标签、注明姓名、接种日期、培养基的名称和材料的名称。

(4)将上述接种烟草叶片的植外体的培养皿置于培养箱中或组织培养室内进行暗培养,培养温度25℃。

(5)每隔一段时间(2~5 d),观察并记录烟草愈伤组织在外植体上的形成,愈伤组织的生长动态,愈伤组织的颜色,污染情况。

(6)小心将诱导形成的愈伤组织从外植体上分离,转到新鲜的培养基上,经过5~7次继代培养,可获得生长迅速、质地疏松的烟草愈伤组织。诱导的愈伤组织有多方面的用途,如:原生质体的制备和细胞融合、细胞大量培养与次生代谢产物的生产、细胞的遗传转化、植株的再生、种质资源的保存、细胞的生理生化研究等。

## 六、提示注意

(1)氯化汞($HgCl_2$)为剧毒性药物,需要现配现用,使用时要小心。如果没有烟草材料,也可以用其他植物材料代替,建议用一些草本双子叶植物材料。

(2)观察烟草叶片外植体接种培养2~6 d后的污染情况,并统计被污染的外植体数,计算污染率及确定合理的外植体灭菌时间。如果培养材料大部分发生污染,说明消毒剂浸泡的时间短;若接种材料虽然没有污染,但材料已发黄或变黑,组织变软,表明消毒时间可能太长,组织被破坏死亡;接种材料若没有出现污染,材料生长正常,则表明此时为消毒剂最适宜的消毒时间。

## 七、思考题

(1)观察并逐日记录外植体产生愈伤组织的情况,包括出现愈伤组织前后外植体的形态变化,愈伤组织出现的时间以及愈伤组织的形态特征(包括愈伤组织的颜色、质地和色泽等)。并依下面公式计算外植体的愈伤组织诱导率。

$$诱导率 = \frac{形成愈伤组织的材料数}{总接种材料数} \times 100\%$$

(2)为什么常在消毒液中加入1~2滴表面活性剂(如吐温)?

(3)为什么外植体在用消毒剂消毒后,再用无菌水洗涤干净?

(4)通过哪些措施来防止微生物对接种工具、接种材料的污染?

(5)在植物组织培养中,哪些因素可导致污染的发生?

(6)哪些因素影响植物愈伤组织的诱导和培养?

# 实验二  植物悬浮细胞系的建立

## 一、实验目的及意义

　　植物悬浮培养的细胞具有生长迅速、代谢均匀一致的特点,同时生长环境易于控制。由于培养的细胞对外界的各种反应比较灵敏,植物悬浮培养细胞已成为代谢、生理生化、分子生物学研究的理想材料,同时还可用于突变体筛选、次生代谢产物的生产等领域。通过学习,使学生了解和掌握植物细胞悬浮培养的原理和操作技术。烟草(*Nicotiana tubacum* Linn.)为茄科经济作物,同时也是植物分子生理生化研究中一种重要的模式植物。丹参(*Salvia miltiorrhiza* Bunge)为唇形科药用植物,建立悬浮体系,对其构建分离纯化其药用物质体系具有重要意义。

## 二、实验原理

　　植物细胞悬浮培养(plant cell suspension culture)是将游离的单细胞和小细胞团在不断振荡的液体培养基中进行培养。用于悬浮培养的细胞和细胞团既可来自培养的愈伤组织,也可以通过物理或化学方法从植物的组织或器官中获得。本实验所用的悬浮培养细胞来自疏松的愈伤组织。

　　植物细胞悬浮培养系统要求:①细胞培养物分散性好,细胞团较小;②细胞形状和细胞团大小均匀一致;③细胞生长迅速。所采用的液体振荡培养具有以下重要作用:①振荡可以对培养液中的细胞团施加一种缓和的流变力,使它们破碎成小细胞团和单细胞;②振荡有利于细胞在培养基中均匀分布,有利于培养基与细胞间的物质交换;③培养液的流动有利于培养基和容器内的空气通过气液界面之间进行气体交换,保证细胞呼吸所需的氧气,使细胞能迅速生长,同时也有利于二氧化碳的排除。

## 三、实验仪器与药品

　　超净工作台,恒温振荡器(摇床),高压灭菌锅,培养室(培养箱),无菌量筒

(50 mL),镊子,酒精灯,培养基(MS 基本培养基＋1.0 mg/L 2,4-D,pH 5.8,其配制方法见第一章的实验三,MS-3),三角瓶(100 mL),封口膜,油性标记笔,无菌蒸馏水。

## 四、实验材料

(1)烟草愈伤组织。
(2)丹参愈伤组织。

## 五、操作步骤与方法

1.烟草、丹参等愈伤组织的诱导、驯化培养:由植物的根、茎、叶等外植体诱导出愈伤组织,然后将愈伤组织从外植体上分离出来,反复继代,进行驯化培养,获得生长迅速、新鲜幼嫩、颗粒小、疏松易碎、外观湿润、均匀一致、白色或淡黄色的愈伤组织。愈伤组织一般在25℃下暗培养,每 30 d 继代 1 次。用于本实验的材料为烟草或丹参的愈伤组织。

2.愈伤组织的接种:作为悬浮培养的接种材料应该是处于旺盛生长期的愈伤组织,液体培养基成分一般与诱导愈伤组织的培养基成分相同,但不加琼脂。在100 mL 三角瓶中加入 20 mL 液体培养基(培养液的体积一般为三角瓶体积的1/3),每瓶接种约 2 g 疏松易碎的愈伤组织,在液体培养基中用接种铲(或镊子)将愈伤组织块捣碎。然后将三角瓶封口后放入摇床上进行振荡培养,培养条件为25℃、120 r/min、黑暗。

3.继代培养:每隔 7 d 或 14 d 可继代培养 1 次。继代培养时先将培养瓶静置一段时间,大的细胞团就会沉在瓶的底部,吸取中部的细胞悬浮液到新的培养瓶中,加入 2～4 倍体积的新鲜培养基。

## 六、提示注意

如果缺乏丹参或烟草的愈伤组织,也可以用其他植物材料(如人参、红花等)的愈伤组织材料代替。

## 七、思考题

（1）绘出细胞悬浮培养操作程序图，你认为哪些步骤可以改进，如何改进？

（2）植物悬浮细胞是否可以在静止状态下进行培养而不需要振荡（摇动）？

（3）试比较在液体培养中进行的细胞悬浮培养和在固体培养基上进行的愈伤组织培养的异同。

（4）哪些因素影响植物细胞悬浮培养？

# 实验三　植物细胞生长量的测定

## 一、实验目的及意义

在植物愈伤组织和细胞悬浮培养中,随时监测细胞的增殖和细胞团的生长状态是非常必要的,通过对培养细胞和细胞团的生长量进行测定,可以有效地筛选最适宜于培养细胞增殖和生长的培养基化学组成、渗透压和酸碱度(pH 值);可以监测培养细胞和悬浮细胞在整个培养世代中细胞数目增长情况和一个培养世代(培养周期)所需要的时间,是确定继代培养和注入新鲜培养基的依据。

## 二、实验原理

植物细胞增殖的测定指标有:细胞计数、细胞体积、细胞重量、有丝分裂指数等。

计算悬浮细胞数即细胞计数(cell number),通常用血球计数板。细胞体积在一定范围内,反映可悬浮细胞数目的增殖状态。一般培养的细胞增殖速度越快,细胞体积(重量)越小。

细胞重量测定分鲜重测定和干重测定。愈伤组织干鲜重和细胞数目有一定的关系,故愈伤组织干鲜重可以作为测定细胞数目的一种间接方法。

有丝分裂指数是指,在一个细胞群体中,处于有丝分裂的细胞数占总细胞数的百分率。分裂指数越高,说明细胞分裂速度越快;相反则越慢。有丝分裂指数,只反映群体中每个细胞分裂所需时间的平均值。

## 三、实验仪器与药品

离心机(2 000×$g$),尼龙网,显微镜(带目镜和物镜测微尺),刻度离心管,注射器,0.000 1 g 分析天平,吸管,血球计数板,酒精灯(架),恒温水浴,试管(10 mm×100 mm),细胞计数器,载玻片,超滤器,盖玻片,刀片等。

5%三氧化铬,8%三氧化铬,1 mol/L HCl,1%结晶紫水溶液,1%果胶酸,乳酰丙酸苔红素,65%甲酸,45%乙酸,封片胶及孚尔根染色系列药品等。

## 四、实验材料

供试材料为：植物愈伤组织，悬浮培养细胞。

## 五、操作步骤与方法

### (一)培养细胞的计数

采用血球计数板测定细胞数目，但在选购血球计数板时，一定要注意血球计数板凹槽深度，其深度一定要大于被检细胞的直径。血球计数板是一个特制的载玻片(图 7-2)。每个划线区，由"井"字形粗线分成 9 个区域。每个区域长 1 mm，宽 1 mm，面积 1 mm²。"井"字形中央的一个区域由双线划出 25 个大格，每个大格又用单线划出 16 个小格，即每个区域分成 400 个小格(25×16＝400)。每个小格的面积为 1/400 mm²。计数板上凹槽深度为 0.1 mm。细胞计数时，一般每次计 25 个大格中的细胞数目。这个区域中，液体的体积是 0.1 mm×1 mm²＝0.1 mm³(即 0.1 μL 或 10⁻⁴ mL)。在每 25 个大格中，细胞数不应少于 50～100 个。

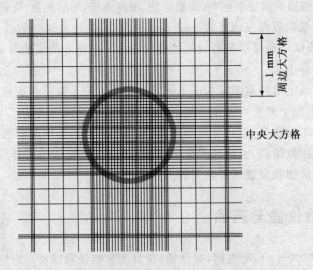

图 7-2　血球计数板的构造(引自孙敬三、朱至清，2006)

1.悬浮培养细胞计数的操作步骤：

(1)吸取 1 滴细胞悬浮液滴至计数板上。

（2）将盖玻片由一边向另一边轻轻盖上，再用两只拇指紧压盖玻片两边，使盖玻片和计数板紧密结合，以防形成气泡。

（3）数分钟后，细胞沉降至载玻片表面，即可在显微镜下计数。

（4）每个样品计数 6 个重复，然后平均，最后算出单位体积中的细胞数量。

2.愈伤组织细胞的计数：愈伤组织鲜重和细胞数目有一定的关系，故愈伤组织鲜重可以作为测定细胞数目的一种间接方法。但是由于测量时的来回搬动，很容易造成污染，从而造成材料的损失。可以先将愈伤组织离析软化成单细胞，然后再进行统计。方法步骤如下。

（1）愈伤组织先用 1 mol/L HCl 在 60℃ 下水解预处理，需注意愈伤组织的取样时间，通常在细胞数目急速增加，每个细胞平均重量或体积急剧下降时取样，才有较好的准确性。

（2）加入 5％三氧化铬，两倍于细胞体积的溶液。在 20℃ 下离析 16 h，也可以增加三氧化铬浓度、提高温度来缩短离析时间。如用 8％三氧化铬在 70℃ 条件下，离析 2～15 min。值得注意的是：由于愈伤组织细胞在取样时，处于不同生长周期，故离析时间有长、短之区别，只有靠经验确定。三氧化铬浓度过高，处理时间过长，会导致细胞破裂，从而减少细胞数目。

（3）将离析软化的细胞，迅速冷却，然后强力振动 10 min，使其分散，然后用蒸馏水洗 3 次备用。

（4）用含有 0.03 mol/L 的 EDTA、1％结晶紫水溶液（pH＝10）对上述离析后的细胞进行染色 10 min。然后用蒸馏水仔细洗涤数次。

（5）将洗涤后的细胞放入装有 2 mL 蒸馏水的小试管中，用玻璃棒搅动，使细胞分散，形成悬浮液。

（6）用血球计数板计数每块愈伤组织的细胞数目，按以下公式

$$\frac{\text{每块愈伤组织}}{\text{的细胞数目}} = \frac{\text{离析液的总体积}}{\text{血球计数板上格子的总体积}} \times \frac{\text{计数板上所测细胞总数}}{\text{愈伤组织的块数}}$$

采用自动计数器统计数目，为了便于识别，需用结晶紫将细胞染色紫色。

愈伤组织离析软化的方法有多种，除上述介绍的外，还可以用 0.1％果胶酸（W/V），在 pH 3.5 室温条件下处理 16 h，可使愈伤组织细胞得到很好的游离。再用 pH 8.0 的 EDTA，在 40℃ 下，保温 2 h 来离析软化愈伤组织细胞。愈伤组织经过各种方法游离软化后，如若悬浮细胞密度太高，可以作适当稀释。然后用吸管或注射器，吸出一定体积，在血球计数板上计数。

### (二)培养细胞体积的测定

培养细胞体积的测量,最简便的方法是取 15 mL 悬浮培养细胞,放入刻度离心管中,2 000×$g$ 离心 5 min。以每毫升培养液中细胞体积的毫升数来表示。这种方法简便,但太过于粗放。

采用显微测微尺直接测量细胞体积精确度较高。显微测微尺(图 7-3),分接物测微尺(或称镜台测微尺)和接目测微尺(或称目镜测微尺)。接物测微尺,是一块特制的载玻片。其中央有刻度,每格长度为 0.01~0.1 mm(本实验采用的接物测微尺每小格为 0.01 mm),用来校准并计算出,在某一物镜下,接目测微尺每小格的长度。接目测微尺是可放入目镜内的圆形玻片,其中央刻有 50 等份,或 100 等份的小格。每小格长度,随目镜、物镜的放大倍数而变动。操作步骤如下。

1. 放置接目测微尺:旋开接目透镜,将接目测微尺放在接目透镜的光栅上,注意刻度向下,然后将接目透镜插入镜筒。

2. 放置接物测微尺:将接物测微尺放在载物台上,然后调节焦距,使之通过目镜能看清接物测微尺的刻度,并清晰地辨认接物测微尺的刻度。

3. 校准接目测微尺的长度:在低倍显微镜下,移动镜台测微尺和转动接目测微尺,使两者刻度平行,并使两者间某段起、止线完全重复。数出两条重合线之间的格数,即可求出接目测微尺每格的相应长度。接目测微尺与接物测微尺,两者重合点的距离越长,所测得的数字越准确。用同样的方法分别测出高倍物镜和油镜下接目测微尺每格的相应长度。

4. 计算接目测微尺每格的产度:例如,测得某显微镜的接目测微尺 50 格相当于接物测微尺 7 格,则接目测微尺每格长度为:

$$\frac{7 \times 10 \ \mu m}{50} = 1.4 \ \mu m/格$$

5. 细胞体积测量:取下接物测微尺将悬浮细胞或原生质体或组织切片(染色涂片)放在载物台上,通过调焦使物像清晰后,转动接目测微尺(或移动载玻片),测量细胞的长与宽各占几格。将测量得到的格数乘以接目测微尺每格的长度,即可求得细胞的体积。

注意事项:

(1)载物台上接物测微尺刻度是用加拿大树胶和圆形盖玻片封合的。当除去松柏油时,不宜使用过多的二甲苯,以避免盖玻片下的树胶溶解。

(2)取出接目测微尺,将目镜放回镜筒,用擦镜纸擦去接目测微尺上的油渍和手印。如用的是油镜应按油镜使用方法处理镜头。

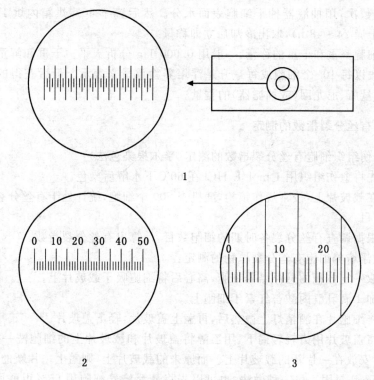

1.镜台测微尺及其放大部分；2.接目测微尺；

3.镜台测微尺和接目测微尺的刻度相重叠

**图7-3　测微尺(引自周维燕，2001)**

**(三)培养细胞重量的测定**

1.鲜重测定(采用直接称重法)：

(1)来自固体培养基的材料,取出后洗去琼脂并用滤纸吸干水分,然后直接用分析天平称重。

(2)来自液体悬浮液培养基的细胞,可放入已知重量的尼龙网上过滤。过滤后用水冲洗,除去培养基,然后离心除去水分。称重后的重量减去尼龙网重量即为悬浮细胞的鲜重。

2.干重测定：

(1)将愈伤组织从培养基取出,放入称量瓶内于60℃烘箱内烘12~24 h(或冰冻干燥24~48 h,因材料大小、厚薄而定)取出,冷却后立即称量。

(2)悬浮培养细胞,经抽滤法去除培养基并收集在预先称好重量的超滤器上。

再用水洗数次,用抽滤器抽干细胞表面水分。然后置于 60℃烘箱内烘 12～24 h (或冰冻干燥 24～48 h),取出冷却后立即称量。

(3)细胞鲜重和干重的称量,一般用 0.000 1 g 分析天平。干重和鲜重的表示方法,一般以每 $10^6$ 个细胞或每毫升悬浮培养物重量来表示。最后获得的结果需要减去称量瓶、尼龙网(或抽滤器)的重量。

**(四)有丝分裂指数的测定**

1. 愈伤组织细胞有丝分裂指数的测定(孚尔根染色法):

(1)先将愈伤组织用 1 mol/L HCl 在 60℃下水解后染色。

(2)在载玻片上,按常规作镜检,随机查 500 个细胞,统计处于有丝分裂各时期的细胞数目。

(3)根据调查有丝分裂各时期的细胞数目,计算出有丝分裂指数。

2. 悬浮培养细胞有丝分裂植物的测定:

(1)取一定体积的悬浮培养细胞,离心后将细胞吸于载玻片上。

(2)加 1 滴乳酰丙酸苔红素于细胞上。

(3)将细胞片在酒精灯上微热后,再盖上盖玻片,轻击盖玻片。

(4)将盖玻片用力轻轻揭下,用乙醇将盖玻片和载玻片上的细胞洗一下,然后将盖玻片安放在一片新的载玻片上。而原来的载玻片上,则盖上一片新的盖玻片,并用 Euparal 封固。另一种做法,也可以先将悬浮培养细胞用 65%甲酸固定24 h (按 1∶1 的体积加入悬浮液和固定液)。固定后将悬浮细胞离心后吸于载玻片上,加 1 滴乳酰丙酸苔红素,微热,加盖盖玻片后放 10～15 min,再制片。制片过程除细胞放于 45%乙酸以及片子用褐色胶接剂封固外,其他的步骤同上(此种片子可放置2 周,以作观察用)。

由上述方法制成的片子,用油镜观察(约 1 250 倍),检查 1 000 个细胞,随后计算出分裂指数。

# 六、提示注意

植物细胞增殖测定的具体方法可参考一些专门的书籍。

# 七、思考题

(1)植物细胞增殖有哪些测定指标?

(2)衡量细胞重量有鲜重和干重两种测定方法,你认为哪种方法比较准确?

# 实验四 植物细胞活力的测定

## 一、实验目的及意义

在细胞悬浮培养中，通过对培养细胞和细胞团活力进行测定，可以有效地了解细胞的生长和活力状态。在进行原生质体培养之前，常常需要测定原生质体的活性，了解所制备原生质体的质量。

## 二、实验原理

细胞（或原生质体）活力的测定采用的方法有：荧光素二乙酸酯法（FDA 法）、三苯四唑氯还原法（TCC 法）、伊凡蓝染色法（Evans blue 法）、中性红染色法（NR 法）、噻唑蓝法（MTT 法）、XTT 法、台盼蓝法（TB 法）等。采用血细胞计数板，在显微镜下观察，细胞活力以活细胞数占总观察数的百分数表示。

## 三、实验仪器与药品

离心机（2 000×$g$）、尼龙网、显微镜（带目镜和物镜测微尺）、刻度离心管、荧光显微镜、注射器、0.000 1 g 分析天平、吸管、血球计数板、酒精灯（架）、恒温水浴、试管（10 mm×100 mm）、细胞计数器、载玻片、超滤器、盖玻片、刀片等。

0.02％荧光素二乙酸酸酯（FDA）溶液、0.001％的氯代三苯基四氮唑（TCC）溶液、洋红（0.005％～0.01％）、甲基蓝（0.005％～0.01％）、伊凡蓝（0.005％～0.01％）等。

## 四、实验材料

供试材料为：植物悬浮培养细胞、植物原生质体。

## 五、操作步骤与方法

### (一)荧光素二乙酸酯法

荧光法(荧光素双醋酸酯法,即 FDA 法)。荧光素二乙酸酸酯(FDA)本身无荧光,非极性,可以自由透过原生质膜进入细胞内部。进入细胞后由于受到活细胞中酯酶的水解,而产生有荧光的极性物质——荧光素,则不能自由出入原生质膜。故在荧光显微镜下,可观察到具有荧光的细胞,表明该细胞是有活性的细胞。相反,不具有荧光的细胞是无活力的细胞。具体操作步骤如下。

(1)吸取 0.5 mL 已制备好的细胞(或原生质体)悬浮液放入 10 mm×100 mm 小试管中,加入 0.5 mL 0.02%的 FDA 溶液,使 FDA 最后的浓度达 0.01%。混匀并在常温下作用 5 min。

(2)荧光显微镜观察,激发滤光片为 $QB_{24}$,压制滤光片为 TB,经观察发出绿色荧光的细胞为有活力的细胞,不产生荧光的细胞为无活力的死细胞。

(3)活力统计,细胞活力是用有活力的细胞数占总观察细胞数的百分数来表示。

$$细胞活力 = \frac{活细胞数目}{总观察细胞数目} \times 100\%$$

注意:含叶绿素的细胞由于受叶绿素的干扰,有活力的细胞可发出黄绿色荧光而不是绿色荧光。无活力的细胞,则发出红色荧光。

### (二)噻唑蓝法

有活力的细胞(或原生质体)由于细胞中的脱氢酶将淡黄色的 MTT 还原成蓝紫色的化合物甲䐩(Formazane),据此可测定细胞的活力。MTT 在水中具有较好的溶解性,而甲䐩不溶于水,易溶于乙醇、异丙醇、二甲基亚砜(DMSO)等有机溶剂,通过多孔板分光光度计(酶标仪)依颜色深浅可测定出吸光度值。由于生成甲䐩的量与反应的活细胞数量成正比,因此,吸光度值的大小可以反映活细胞的数量和活性程度。

1.材料准备:制备悬浮(单)细胞悬液(或者制备原生质体悬液)。

2.配制 MTT 溶液:MTT 用 pH 7.2、0.2 mol/L 的磷酸缓冲液(PBS)配制成 0.5 mg/mL 的溶液。

3. 取 0.5 mL 的细胞(或原生质体)悬液于试管中,然后加入 0.5 mL 的 MTT 溶液,常温下作用 10 min。

4. 将细胞悬浮液放在显微镜下观察,统计显蓝紫色的细胞数目,按下列公式计算细胞活力。

$$细胞活力 = \frac{显蓝紫色的细胞数}{观察细胞总数} \times 100\%$$

### (三)氯代三苯基四氮唑还原法

有活力的细胞(或原生质体)由于氧化还原酶的活性,将氯代三苯基四氮唑 (2,3,4-triphenyl tetrazolium chloride, TTC)还原成红色,据此可测定细胞的活力。一般可在显微镜下观察视野中显红色的细胞数目,计算活细胞的百分率。还可以用乙酸乙酯提取红色物质,用分光光度计在 520 nm 测定光吸收值,计算细胞的相对活力。

1. 材料准备:制备悬浮(单)细胞悬液(或者制备原生质体悬液)。

2. 配制 TTC 溶液:用蒸馏水将 TTC 配制成 0.001% 的溶液。

3. 取 0.5 mL 的细胞(或原生质体)悬液于试管中,然后加入 0.5 mL 的 TTC 溶液,常温下作用 5 min。

4. 将细胞悬浮液放在显微镜下观察,统计显红色的细胞数目,可按下列公式计算细胞活力。

$$细胞活力 = \frac{显红色的细胞数}{观察细胞总数} \times 100\%$$

### (四)染色法

有活力的细胞(或原生质体)具有选择性吸收外界物质的特性。当用染色剂处理时,活细胞拒绝染色剂的进入,因此染不上颜色;死细胞可吸附大量染色剂而染上颜色。统计未染上颜色的细胞数目,就可计算出它的活力。具体操作步骤如下。

1. 材料准备:制备悬浮(单)细胞悬液(或者制备原生质体悬液)。

2. 配制染色剂,如洋红、甲基蓝、伊凡蓝(Evans blue)等,择其一配制浓度为 0.005%～0.01%。

3. 将染色剂滴加在材料上染色,数分钟后,即可观察统计。注意染色时间不可过长,否则有活力的细胞也会染上一些颜色,从而会影响统计的准确性。

4. 统计未染色细胞,可按下列公式计算细胞活力。

$$细胞活力 = \frac{未染色的细胞数}{观察细胞总数} \times 100\%$$

## 六、提示注意

植物细胞的活力测定方法同样可用于原生质体的活力测定。植物细胞或原生质体活力测定的具体方法可参考一些专门的书籍。关于细胞或原生质体活力的测定,可选择某一种方法;或者同时采用几种活力测定方法,然后对结果进行比较。

## 七、思考题

(1)用于植物细胞(或原生质体)活力测定的方法有哪些?
(2)简述 TTC 法、FDA 法、MTT 法,以及染色法测定细胞活力的原理。

# 实验五　植物细胞系的筛选与保存

## 一、实验目的及意义

筛选是植物细胞选育与改良的基本方法。通过各种方法获取的植物细胞往往不均一，会显示出不同的特性（如抗旱性、抗盐性、抗病性、生长速率的差异、化学成分的差异等），需要将具有优良特性的所需细胞系选择出来。植物细胞在培养过程中会发生变异，也需要对植物细胞进行筛选，将有利的变异细胞选出，把不利的变异细胞去除，来获得实验所需要的细胞系。通过本实验学习和了解植物细胞系的筛选与保存的原理和方法。

## 二、实验原理

本实验是针对高含量次生代谢产物的植物细胞株进行筛选。筛选高产细胞系，以大幅度提高有用次生代谢产物的含量，这是细胞大量培养中降低成本和提高生产率的重要途径之一。高产细胞系可以根据细胞表现型（如某一酶的活性、有些次生代谢产物常常会呈现一定的颜色等）的不同进行筛选，也可以通过测定单细胞克隆的次生代谢产物含量来进行。本实验具体采用目测法筛选高产细胞系。目测法筛选指标主要是颜色和形状，颜色为次生代谢产物直接表现出来的颜色，形态特征是指次生代谢产物直接影响的植物细胞系的形态特征。

## 三、实验仪器与药品

摇床，网筛，三角瓶，标签纸，记号笔，超净工作台，酒精灯，烧杯，镊子，液氮罐，培养箱，0℃冰箱，-10℃冰箱，-40℃冰箱，水浴锅，分光光度计。

MS培养基，蔗糖，甘油，葡萄糖，山梨醇，甘露糖，聚乙二醇（PEG），二甲基亚砜（DMSO），0.4%的TTC试剂，pH 7.0的0.1 mol/L的磷酸缓冲液。

## 四、实验材料

(1)紫草(*Lithospermum erythrorhizon* Sieb. et Zucc.)或新疆紫草(*Arnebia euchroma* Johnst.)细胞系。

(2)东北红豆杉(*Taxus cuspidata* Sieb. et Zucc.)细胞系。

## 五、操作步骤与方法

### (一)采用目测法进行高色素含量紫草细胞系的筛选步骤

(1)第一步筛选固体培养的愈伤组织,反复选择紫红色深的愈伤组织,获得高产系 A1。

(2)将高产系 A1 进行液体悬浮培养,离心后收集单细胞。

(3)将 A1 高产系单细胞转到固体培养基上克隆,进行第二步筛选,获得高产细胞系。

(4)如果条件允许,可以采用化学分析法验证目测法的结果,本实验可采用比色法或 HPLC 法进行化学分析验证。

### (二)东北红豆杉高产细胞系的超低温保存步骤

1. 材料的选择:以培养 10～15 d 处于对数生长状态的红豆杉愈伤组织作为冷冻材料。

2. 预备培养:将培养材料分别转入含有 4%、6%、8%蔗糖的 MS 改良液体培养基中培养,在各种浓度下培养 4 d、6 d、8 d、10 d、12 d、14 d、16 d。

3. 冷冻保护剂的预处理:设计多种组合的冷冻保护剂,其中包括①不同含量的糖、糖醇或醇类物质,包括甘油、葡萄糖、山梨醇、甘露糖、PEG 与 10% DMSO 分别组合作为冷冻保护剂;②DMSO＋山梨醇＋PEG 多种成分的复合保护剂。将约 100 mg 预培养后的材料置于冷冻保藏管内,加入冷冻保护剂,使之浸没愈伤组织,密封保存管,在 0℃下静置预处理 30 min。

4. 降温冷冻程序:将完成预处理后的材料分别采取快速冷冻、慢速冷冻和逐步冷冻 3 种方法处理。①快速冷冻。将植物材料从 0℃或者其他预处理温度直接投入液氮中保存的方法。降温速度为 1 000℃/min。②慢速冷冻。将预处理后的材料先缓慢降温至－40℃,降温速率约为 1℃/min,放置 180 min,然后投入液氮。

③逐步冷冻。将预处理后的材料降温至 $-10℃$,保留 30 min,再缓慢降至 $-40℃$,放置 180 min,然后投入液氮。

5. 解冻和洗涤:材料经液氮保存后,取出并立即投入 37℃水浴中解冻,待保存管内的冰刚融化,立即加入等体积新鲜 MS 改良液体培养基(含 3％蔗糖)进行冲洗,然后吸去培养液,再用同样的方法洗涤 2 次,每次停留 10 min。

6. 细胞活力测定:解冻后的愈伤组织可用氯化三苯基四氮唑还原法(TTC 法)测定其生活力。称取 100 mg 洗涤后的愈伤组织,加入 0.4％的 TTC 试剂和pH 7.0 的 0.1 mol/L 的磷酸缓冲液各 2.5 mL,在黑暗下于 27℃放置 24 h 后倒掉TTC 液,用蒸馏水洗涤 3 次。再加入 95％乙醇 5 mL,于 60℃水浴 30 min,用紫外分光光度计在 485 nm 处测定光吸收值。用吸收值表示各处理的愈伤组织在超低温保存后的细胞活力。

## 六、提示注意

对于高含量次生代谢产物植物细胞株的筛选,应根据代谢产物的化学性质确定筛选方案。本实验如果缺乏紫草细胞系,也可以采用人参(*Panax ginseng*)(五加科)或紫苏(*Perilla frutescens*)(唇形科)愈伤组织进行花色苷类化合物高产细胞系的筛选。对于超低温保存高产细胞系,如果实验室没有东北红豆杉细胞系,也可以采用其他细胞系代替。

## 七、思考题

(1)简述目测法筛选高产细胞系的原理。
(2)简述植物细胞系超低温保存的原理。

# 实验六　植物培养物次生代谢产物的含量分析与分离纯化

## 一、实验目的及意义

植物培养过程中会产生很多种类的次生代谢物质,需要采用一定的物理方法将我们所需要的代谢物质分离纯化出来,进行后续的加工。因此,分离纯化技术往往是获得所需次生代谢物质的关键技术步骤。通过本实验学习和了解植物次生代谢产物提取、分离纯化与分析的原理与方法。

## 二、实验原理

植物细胞培养物获得的次生代谢产物种类繁多,大多数存在于细胞内。要获得植物细胞次生代谢物,首先要进行细胞破碎,然后采用特殊的溶剂,将所需的次生代谢物质提取出来,再采用生化分离技术,使目的产物与杂质分开,从而获得符合研究或使用要求的次生代谢产物。提取和分离植物次生代谢产物的方法主要有细胞破碎、次生代谢物的提取、沉淀分离、萃取分离、层析分离、结晶、浓缩与干燥等。次生代谢产物的分析包括定性分析和定量分析。

## 三、实验仪器与药品

摇床,三角瓶,烘箱,旋转薄膜蒸发仪,高效液相色谱仪,紫外-可见分光光度计,分液漏斗,正相硅胶层析柱,反相硅胶层析柱,薄层层析硅胶板,层析缸。

大孔吸附树脂,乙醇,甲醇,石油醚($60\sim90$℃),氯仿,高氯酸,香草醛,冰醋酸,人参二醇单体,各种人参皂苷标准品,人参总皂苷。

## 四、实验材料

人参属细胞系,如人参(*Panax ginseng*)、三七(*Panax notoginseng*)、西洋参

(*Panax quiquefolium*)的细胞系等。

## 五、操作步骤与方法

1.细胞培养物的准备：通过细胞大规模培养（摇床培养或生物反应器培养），获得人参鲜细胞。将人参细胞进行冰冻干燥，称重 $W_1$。

2.粗提物的制备：将冰冻干燥的人参细胞碾粹，用甲醇回流提取，甲醇滤液浓缩后，得甲醇提取物，称重 $W_2$。

3.将甲醇提取物用热水混悬，用石油醚（60～90℃）萃取，去除极性弱的成分。

4.水层部分过大孔吸附树脂（D101）柱，先用水冲洗，然后用 30％乙醇冲洗，最后用 80％乙醇冲洗，将 80％乙醇冲洗部分浓缩，称重 $W_3$。

5.采用香草醛-高氯酸反应，在 560nm 处进行分光光度比色，即可测定 $W_3$ 中的总皂苷含量，通过 $W_1$、$W_2$ 和 $W_3$ 之间的关系，可以求出人参细胞中总皂苷的含量。

6.提取物中单一皂苷成分的分析：采用薄层层析（TLC），并与标准品对照，即可定性了解提取物的单一皂苷成分。也可以采用高效液相色谱（HPLC），分析单一的皂苷成分的含量。

7.单一皂苷成分的分离：通过反复的硅胶柱层析（包括正相和反相硅胶），葡聚糖凝胶柱层析，即可获得单一的皂苷成分，还可以通过波谱解析和化合物的理化性质，进一步解析化合物的结构。

## 六、提示注意

如果实验室没有人参属的细胞系，可以采用其他植物细胞系，如丹参细胞系，再根据细胞系中的次生代谢产物丹参酮（tanshinone）类化合物的结构和性质，确定合适的提取、分离、纯化和分析的方案。

## 七、思考题

(1)画出人参皂苷的分离纯化流程图。

(2)根据分光光度法的有关数据计算出人参细胞中总皂苷的含量。

(3)简述植物培养物次生代谢产物提取和分离纯化的方法的原理。

(4)植物次生代谢产物的分析方法有哪些？

# 实验七　植物细胞培养合成次生代谢产物的调节

## 一、实验目的及意义

植物细胞的生长常常受到各个因素的影响,进而影响其产生次生代谢物质的产量和质量。这些因素包括环境因素和营养因素。通过调节这些因素,使植物细胞处于最适的产生次生代谢物质的生长状态,有利于提高次生代谢产物的产量和质量。通过本实验学习和了解影响植物细胞培养合成次生代谢产物的各种因素和方法。

## 二、实验原理

植物细胞生产次生代谢产物的过程受到诸多因素的影响。为了提高次生代谢产物的产量,首先要选育或选择使用优良的植物细胞系,保证植物细胞培养的培养基和培养条件符合植物细胞生长和新陈代谢的要求,还可以通过次生代谢物的前体物质、添加某些诱导剂进行调节,也可以在基因水平、酶活性水平上进行调节。

本实验采用实验培养基 pH 值和不同激素浓度对新疆紫草培养细胞中色素合成的影响(方德秋等,1994)。

## 三、实验仪器与药品

摇床,40 目筛,改良 LS 培养基(生长培养基),M-9 培养基(生产培养基),6-糠氨基嘌呤(KT),吲哚丁酸(IBA),萘乙酸(NAA),6-苄基腺嘌呤(BAP),2,4-二氯苯氧乙酸(2,4-D)。

## 四、实验材料

新疆紫草($Arnebia\ erchroma$)细胞系。

# 五、操作步骤与方法

（一）配制含不同 pH 值、不同激素种类及浓度的培养基。

1.配制不同 pH 值的生产培养基：基本培养基为附加 0.75 mg/L IAA 和 0.1 mg/L KT 的生产培养基，分别调节培养基的 pH 值为 3.0、3.5、4.0、4.5、5.0、5.5、6.0、6.5、7.0、7.5、8.0。

2.配制不同激素组合的生产培养基：按以下方案配制。

mg/L

| 激素组合 | KT | | | | | BAP | | | |
|---|---|---|---|---|---|---|---|---|---|
| | 0.0 | 0.1 | 0.5 | 1.2 | 2.0 | 0.1 | 0.5 | 1.2 | 2.0 |
| 2,4-D (0.2) | | | | | | | | | |
| NAA (0.2) | | | | | | | | | |
| IAA (0.2) | | | | | | | | | |
| IBA (0.2) | | | | | | | | | |

3.接种材料的准备：将生长旺盛的愈伤组织接入到附加有 0.2 mg/L IAA＋0.5 mg/L KT 的生长培养基中，培养 3 代（每代 14 d）后，即可作为接种材料。

4.将愈伤组织接种到不同的培养基中：接种量为鲜重 8 g /瓶，每 250 mL 体积的三角瓶盛 70 mL 生产培养基，在 25℃ 黑暗条件进行悬浮培养，摇床转速为 110 r/min。

5.收获培养物和进行成分分析：在生产培养基中培养 23 d 后，用 40 目筛过滤，收取鲜细胞，称鲜重。细胞在 60℃ 下烘干至恒重，碾碎，称干重。采用甲醇提取色素，用分光光度法测定含量。

# 六、提示注意

影响植物细胞合成次生代谢产物的因素很多，如 pH 值、光照、温度、诱导子、前体、培养方法、培养基的组成、搅拌速度、溶氧量等，实验时采用某一调节因子，进行实验。

如果实验室没有新疆紫草细胞株，可以采用人参（*Panax ginseng*）（对应的代谢产物为人参皂苷）、丹参（*Salvia miltiorrhiza*）（对应的代谢产物为丹参酮）、红豆杉（*Taxus* sp.）（对应的代谢产物为紫杉烷类化合物）细胞系进行次生代谢产物代谢调节的实验。在进行代谢调节实验之前,必须要建立对应的次生代谢产物的含量测定方法。

## 七、思考题

(1)影响植物次生代谢产物生物合成的因素有哪些?

(2)对实验结果进行分析和讨论。

# 实验八　植物细胞大规模培养生产次生代谢产物

## 一、实验目的及意义

　　传统的植物活性成分提取加工有以下几个方面的不足：一是受植物分布区域的限制；二是受季节、气候、病虫灾害等影响；三是占地面积大。采用植物细胞大规模培养技术生产有用成分的工业主要集中在一些价格高、产量低、需求量大的化合物，如药物、香料、食品添加剂、色素等。通过研发植物细胞生物反应工艺和大规模反应设备，提高这些次生代谢产物的产量和质量，降低其生产成本。通过本实验了解植物细胞大规模培养的生物反应器类型和大规模培养方法。

## 二、实验原理

　　植物细胞生物反应器是用于植物细胞大规模培养过程中必备的设备。依据其结构的不同，植物细胞生物反应器主要有机械搅拌式反应器、气升式反应器、鼓泡式反应器、填充床式反应器、流化床反应器、中空纤维反应器等（图7-4）。不同的生物反应有不同的特点，在实际应用时，应当根据细胞种类和特性的不同进行设计和选择。

## 三、实验仪器与药品

　　摇床，生物反应器（发酵罐），AG-7生长培养基，M-9生产培养基，植物次生代谢产物的提取分离和浓缩设备，有机溶剂等。

## 四、实验材料

　　新疆紫草（*Arnebia euchroma*）（紫草科）高产细胞系。

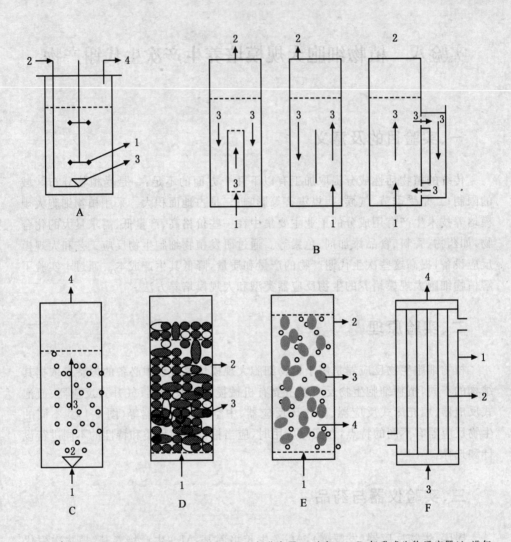

A.机械搅拌式生物反应器(1.搅拌器,2.进气口,3.空气分布器,4.出气口);B.气升式生物反应器(1.进气口,2.出气口,3.气流循环方向);C.鼓泡式反应器(1.进气口,2.空气分布器,3.气流方向,4.排气口);D.填充床式反应器(1.进液口,2.排液口,3.固定化细胞);E.流化床反应器(1.流体进口,2.流体出口,3.细胞团或固定化细胞,4.气泡);F.中空纤维反应器(1.外壳,2.中空纤维,3.进液口,4.排液口)。

**图 7-4　生物反应器示意图(引自郭勇等,2004)**

## 五、操作步骤与方法

本实验采用生物反应器两步法培养新疆紫草细胞生产萘醌类色素成分。

1. 植物细胞的摇床培养:将培养 15 d 左右的愈伤组织转至液体培养基中进行摇床培养,培养 2～3 代后,获得生长迅速、均匀、分散度好的新疆紫草细胞悬浮培养系。AG-7 培养基,摇床转速 110 r/min,(25±1)℃,暗培养。

2. 植物细胞的生物反应器培养:第一步培养是有效地促进细胞的生长,采用气升式生物反应器,将悬浮 2～3 代的细胞转入反应器中,采用生长培养基 AG-7,培养 12 d 左右;第二步培养是有效地促进紫草宁色素的生产,先滤去 AG-7 生长培养基,加入 M-9 生产培养基,培养 16 d 后收获。培养过程中定期取样,用于生物量及其他参数的测定。

3. 细胞培养物的收集:采用离心和过滤的方法收集培养细胞。

4. 次生代谢产物的提取:采用有机溶剂石油醚(60～90℃)提取和浓缩。

## 六、提示注意

如果实验室没有生物反应器,可采用摇瓶培养,在第一步培养后,将摇瓶中的培养基换成生产培养基,继续进行培养。如果实验室没有新疆紫草细胞系,可以采用其他植物细胞系,如人参细胞系,再根据细胞系中的次生代谢产物人参皂苷(ginsenosides)结构和性质,确定合适的提取、分离、纯化和分析的方案。

## 七、思考题

(1)生物反应器培养和摇床培养植物细胞有什么不同?

(2)采用植物细胞大规模培养技术生产次生代谢产物与野生或人工栽培相比有什么优越性?

# 第八章
# 植物遗传转化

第八章

面向过程程序设计

# 实验一  根癌农杆菌介导的烟草叶盘遗传转化

## 一、实验目的及意义

本实验以烟草为实验材料,通过根癌农杆菌介导方法转化目的基因,了解根癌农杆菌介导法的基本原理和一般步骤,掌握遗传转化的基本操作技术。

## 二、实验原理

农杆菌转化植物细胞涉及一系列复杂的反应,包括农杆菌对植物细胞的附着、植物细胞释放信号分子,诱导 Vir 区域基因的表达,T-DNA (transfer DNA)的转移和在植物核基因组上的整合、表达,经过细胞和组织培养,获得完整的转基因植株。

Ti 质粒为根癌农杆菌染色体外的环状双链 DNA 分子,大约 200 kb,包括毒性区域(Vir region)、结合转移区域(Con region)、复制起始区域(Ori region)和 T-DNA 区域(transfer DNA region)4 部分,其中 Vir 区域、根癌农杆菌染色体上的毒性位点和 T-DNA 的边界序列是 T-DNA 转移所必需的。

农杆菌附着在植物伤口组织上后,通过二者间的相互作用,农杆菌形成纤维小丝将其固定在植物细胞壁上,同时诱导受伤的植物组织释放一些酚类等化合物,VirA 作为受体蛋白接受损伤植物细胞分泌物的诱导,自身磷酸化后,进一步激活 VirG 蛋白,后者是一种 DNA 转录活化因子,被激活后可以特异性结合到其他 Vir 基因启动子区上游的一个叫 Vir 框(Vir box)的序列,启动这些基因的转录。其中 VirD 基因产物对 T-DNA 进行剪切,产生 T-DNA 单链(T-链),其与 $VirD_2$、$VirE_2$ 相结合形成 T-链蛋白复合体后穿越细菌细胞膜、细胞壁和植物细胞壁、细胞膜和核膜,进入细胞核的 T-DNA 以单或多拷贝的形式随机整合到植物染色体上。研究表明,T-DNA 优先整合到转录活跃区,而且在 T-DNA 的同源区与 DNA 的高度重复区,T-DNA 的整合频率也较高。整合进植物基因组的 T-DNA 也有一定程度的缺失、重复、超界等现象发生。

不同的植物由于受基因型、发育状态、组织培养难易程度等因素的影响,农杆菌介导的转化相应地采取不同的方法。目前常用的农杆菌介导的转化方法是叶盘法，该方法中转化受体已经扩展到器官、组织、细胞及原生质体等。农杆菌介导法转化外源基因，该法操作简便、转化效率高，基因转移是自然发生的行为，外源基因整合到受体基因组的拷贝数少，基因重排程度低，转基因性状在后代遗传较稳定。

## 三、实验仪器与试剂

1. 仪器设备和用具：超净工作台，高压蒸汽灭菌锅，打孔器，培养皿，烧杯，三角瓶，Eppendorf 管，吸管，涂抹器，滤纸等。

2. 化学试剂：

(1)2％次氯酸钠。

(2)抗生素。卡那霉素(Kanamycin，Kan )，羧苄青霉素(Carbencillin，Carb )或头孢霉素(Cefotaxime，Cef )。

(3)GUS 检测液(50 mL)。其成分如表 8-1 所示。

**表 8-1　GUS 检测液(50 mL)成分**

| 母　　液 | 加入量 | 终浓度 |
|---|---|---|
| 0.2 mol/L 磷酸钠缓冲液（pH7.0）（0.2 mol/L $Na_2HPO_4$ 62 mL＋0.2 mol/L $NaH_2PO_4$ 38 mL） | 25 mL | 0.1 mol/L |
| 0.1 mol/L $K_4[Fe(CN)_6] \cdot 3H_2O$ | 0.25 mL | 0.5 mmol/L |
| 0.1 mol/L $K_3[Fe(CN)_6]$ | 0.25 mL | 0.5 mmol/L |
| 1.0 mol/L $Na_2EDTA$ | 0.5 mL | 1.0 mmol/L |
| X-gluc（5-溴-4-氯-3-吲哚-$\beta$-葡萄糖苷酸） | 25 mg | 0.95 mmol/L |
| 无菌水 | 24 mL | — |

(4)FAA 固定液(100 mL)。其成分如表 8-2 所示。

**表 8-2　FAA 固定液(100 mL)成分**

| 母　　液 | 加入体积(mL) |
|---|---|
| 50％乙醇 | 85 |
| 冰醋酸 | 5 |
| 甲醛 | 10 |

(5)酶及分子检测试剂。Taq DNA 聚合酶，DNA 分子质量标记，DNA 回收试

剂盒,T₄DNA 连接酶,各种限制性内切酶和反转录 PCR 试剂盒,地高辛 Southern 杂交试剂盒,Hybond TMN⁺ 尼龙膜等。

(6)培养基。

a)LB 液体培养基:NaCl 10 g/L,酵母提取物(yeast extract)5 g/L,胰蛋白胨(tryptone)10 g/L,pH 7.0。若配固体培养基,则添加 10 g/L 琼脂。

b)愈伤组织诱导和芽萌发培养基:MS 基本固体培养基,加入 2.0 mg/L 6-BA、0.5 mg/L IAA,pH 5.8,高压灭菌后分装备用。

c)生根培养基:1/2MS 基本固体培养基,pH 5.8,高压灭菌后分装备用。

d)选择培养基:愈伤组织形成和再生芽萌生培养基,生根培养基中加入 50 mg/L卡那霉素(Kanamycin,Kan)和 100 mg/L 羧苄青霉素(Carbencillin,Carb)。

## 四、实验材料

(1)带有质粒 pBI121(携带选择标记基因如 *npt*Ⅱ、*gus*A 或目的基因)的农杆菌 LBA4404 菌株。

(2)烟草充分展开的幼叶。

## 五、操作步骤与方法

### (一)菌液的制备

挑取继代 2 d 后的农杆菌单菌落,在添加 50 mg/L Kan 的液体 LB 培养基中,以 200 r/min 振荡培养,培养条件为 28℃、黑暗,16~20 h 后,将菌液置于离心管中,5 000×*g* 下离心 5 min 并收集菌体。将收集到的菌体用添加 50 mg/L Kan 的液体 LB 培养基或烟草叶片愈伤组织诱导的液体培养基稀释到适宜的浓度备用。

### (二)烟草叶盘外植体的制备

取烟草幼嫩叶片(组培苗或温室大田苗),若从大田或温室取材,则取材后用自来水洗净,2%的次氯酸钠溶液中浸泡 3~5 min。无菌水冲洗 3 次,用 5mm 孔径的打孔器打成小圆片,无菌水中保存备用。

### (三)侵染及共培养

将烟草叶盘外植体分别浸泡在含有质粒 pBI121 的农杆菌 LBA4404 菌株和 50～100 mg/L Kan 的液体 LB 培养基中,和不含有质粒 pBI121 的农杆菌 LBA4404 菌株的液体培养基中。其中,质粒 pBI121 携带选择标记基因或目的基因。浸泡 4～5 min 取出,滤纸吸干菌液后,接种在愈伤组织诱导培养基中进行共培养,培养条件 24～28℃,暗培养。

### (四)选择培养

共培养 2～3 d 后,将烟草叶盘浸泡在添加 300～500 mg/L Carb 液体愈伤组织诱导培养基中,30～60 min 后将其接种在选择培养基中,进行选择培养,直到获得完整的再生植株。培养条件为:愈伤组织诱导阶段是 24～28℃,暗培养;不定芽及根再生阶段为 24～28℃,13～16 h/d 光照,光照强度为 40～50 $\mu$mol/($m^2 \cdot s$)。

### (五)转基因植株的检测

1.组织化学法:按照 Jefferson 等(1987)的组织化学法对愈伤组织和叶片进行 GUS 基因表达的检测。Kan 抗性愈伤组织 GUS 检测:将得到的 Kan 抗性愈伤组织或叶片切成小块,加入已配好的 X-gluc 底物溶液中,37℃保温,过夜。用 FAA 溶液固定 1 h 以上,并依次用 70%、90%、100% 的乙醇脱色,肉眼观察愈伤组织表面及内部是否有 GUS 基因表达。

2.PCR 鉴定:以提取烟草拟转基因植株的基因组 DNA 为模板,根据选择标记基因或目的基因序列设计引物,以非转基因植株总 DNA(阴性对照)、空菌株转化植株(阴性对照)和载体质粒 DNA(阳性对照)为对照进行 PCR 扩增检测,初步鉴定外源基因是否整合到烟草的基因组 DNA 中。

3.Southern 杂交分析:提取烟草拟转基因植株基因组 DNA ,用限制性内切酶进行双酶切。将处理后的 DNA 在 0.7%～0.9% 琼脂糖凝胶上进行电泳,参照 DIG High Prime DNA Labeling and Detection Starter Kit Ⅱ(Roche)说明书进行探针标记、DNA 转膜、膜处理和杂交操作。进一步鉴定外源基因是否整合到烟草的基因组 DNA 中及外源基因的拷贝数(对照选择同上)。

4.RT-PCR 检测:利用 Trizol 试剂盒提取烟草拟转基因植株总 RNA,用反转录 PCR 试剂盒将总 RNA 按规定程序进行 RT 反应和 PCR 反应。进一步鉴定外源基因在 RNA 水平的表达情况(对照选择同上)。

5.Northern 杂交分析:提取纯化烟草拟转基因植株总 RNA 或 mRNA ,1.2%

(W/V)甲醛变性琼脂糖凝胶电泳,参照 DIG RNA Labeling Kit (Roche)说明书进行探针标记、RNA 转膜、膜处理和杂交操作。进一步鉴定外源基因在植物细胞中的表达(对照选择同上)。

## 六、提示注意

(1)遗传转化操作及培养过程均在无菌条件下进行。

(2)组织培养的不同阶段,要添加适宜的选择压。在选择培养过程中,抑制农杆菌生长的羧苄青霉素(或头孢霉素)的浓度不要太高,否则会抑制烟草的分化。

注:根癌农杆菌介导方法转化目的基因,转化受体可以是器官、组织、细胞和原生质体等。以器官、组织作为转化受体时,将其与菌液浸泡一段时间后,从菌液中取出,用无菌滤纸吸取受体表面的菌液后,再进行共培养;以细胞、原生质体作为转化受体时,将其与菌液共同培养一段时间后,用添加 300～500 mg/L Carb 液体愈伤组织诱导培养基处理 30～60 min 后接种在选择培养基中,进行选择培养。

## 七、思考题

(1)高效遗传转化体系建立的基础是什么?

(2)根癌农杆菌介导的遗传转化的影响因素有哪些?

# 实验二　基因枪法转化小麦未成熟胚

## 一、实验目的及意义

本实验以小麦为实验材料,通过基因枪法转化目的基因了解基因枪法的基本原理和一般步骤,掌握遗传转化的基本操作技术。

## 二、实验原理

基因枪法(particle gun)又称微弹轰击法(microprojectile bombardment,particle bombardment and biolistics)。最早是由美国 Conell 大学的 Sanford 等(1987)研制出火药引爆的基因枪。1987 年 Klein 等首次以洋葱表皮细胞为材料,以钨粉为子弹,将 DNA 或 RNA 导入表皮细胞,外源基因能够表达,证明此方法可以实现外源基因的遗传转化。由于单子叶植物的遗传转化受农杆菌寄主的限制,因此用基因枪法进行外源基因的转移成为单子叶植物遗传转化的主要手段。

其基本原理是将外源 DNA 包被在微小的金粒或钨粒表面,然后在火药爆炸、高压气体或高压放电等高压的作用下,微粒被射入受体细胞或组织、外源 DNA 随机整合到寄主细胞的基因组上,并表达,从而实现外源基因的转移。

基因枪转化植物的特点:①无宿主限制。能转化任何植物,特别是那些由原生质体再生植株较为困难和农杆菌感染不敏感的单子叶植物。②靶受体类型广泛。能转化植物的任何组织或细胞。③操作简便快速。基因枪转化技术从诞生至今 20 余年时间,尽管取得可喜的成绩,但还有不少问题如转化率低等有待进一步研究。

## 三、实验仪器与试剂

1.仪器设备和用具:PSD-1000/He 型基因枪,解剖镜,高压蒸汽灭菌锅,离心机,培养皿,Eppendorf 管等。

2.化学试剂:

(1)常规试剂。70%乙醇,无水乙醇,无菌重蒸水,2.5 mol/L CaCl$_2$ 溶液(过滤灭菌),0.1 mol/L 亚精胺溶液(过滤灭菌)。

(2)抗生素。卡那霉素(Kanamycin,Kan),羧苄青霉素(Carbencillin,Carb)或头孢霉素(Cefotaxime,Cef)。

(3)GUS 检测液。组成(50 mL)见表 8-1。

(4)FAA 固定液。组成(100 mL)见表 8-2。

(5)酶及分子检测试剂:Taq DNA 聚合酶、DNA 分子质量标记、DNA 回收试剂盒、$T_4$DNA 连接酶、各种限制性内切酶和反转录 PCR 试剂盒、地高辛 Southern 杂交试剂盒、Hybond TMN$^+$ 尼龙膜等。

(6)培养基。

1)愈伤组织诱导培养基:MS 基本固体培养基,加入 2.0 mg/L 2,4-D,pH 5.8,高压蒸汽灭菌后分装备用。

2)分化培养基: MS 基本固体培养基,加入 1.0 mg/L NAA,2.0 mg/L ZT,pH 5.8,高压蒸汽灭菌后分装备用。

3)生根培养基:1/2MS 基本固体培养基,加入 2.0 mg/L IAA,pH 5.8,高压蒸汽灭菌后分装备用。

4)高渗培养基:愈伤组织诱导培养基,加入 0.4 mol/L 甘露醇,pH 5.8,高压蒸汽灭菌后分装备用。

5)选择培养基:愈伤组织诱导培养基、分化培养基和生根培养基中加入 50 mg/L 卡那霉素和 100 mg/L 羧苄青霉素。

## 四、实验材料

(1)小麦未成熟胚。

(2)质粒 DNA:携带选择标记基因如 *npt*Ⅱ、*gus*A 或目的基因的质粒 pBI121。

## 五、操作步骤与方法

### (一)DNA 微弹的制备

(1)称取 50~60 mg 钨粉或金粉(其微粒直径最好选择为细胞直径的 1/10),置于 1.5 mL 灭菌的离心管中,加入 1 mL 无水乙醇,振荡悬浮数次,4 000~10 000 r/min 离心 10 s,弃上清液。

(2)加入 1 mL 无菌水清洗钨粉或金粉沉淀,振荡离心,弃上清液。重复 2 次,将钨粉或金粉悬浮于 1 mL 无菌水中,现用或−20℃保存。

(3)取微粒悬浮液 50 $\mu$L 于一新灭菌离心管中,加入 3~5 $\mu$g 质粒 DNA、50 $\mu$L 2.5 mol/L CaCl$_2$ 溶液和 20 $\mu$L 0.1 mol/L 亚精胺溶液,混匀后室温静置 10 min,使 DNA 充分沉降到微粒体上。10 000~15 000 r/min 离心 5~10 s,弃上清液。

(4)无水乙醇漂洗 2 次,加入 60 $\mu$L 无水乙醇重新悬浮颗粒,备用。

### (二)受体材料准备

取开花后 12~16 d 的幼胚,用 0.1％HgCl$_2$ 消毒 8~15 min,无菌水冲洗3~5 次,在超净工作台上剥离出幼胚,盾片朝上接种于愈伤组织诱导培养基上培养,(27±2)℃,暗培养。将预培养 3 d 的小麦幼胚转接于高渗培养基上处理,4~6 h 后将其作为转化受体进行转化。

### (三)装弹

(1)用 70％乙醇擦净真空室及超净工作台面。将可裂膜、轰击膜和阻挡网浸泡于 70％乙醇中 15 min,吹干备用。

(2)打开真空泵和基因枪的电源开关及氦气瓶阀门。

(3)旋下可裂膜挡盖,将可裂膜放在挡盖中央,将挡盖旋上。

(4)取 10 $\mu$L DNA-钨粉或金粉复合体均匀涂抹在轰击膜上,晾干后进行轰击。

(5)将载有 DNA 微粒子弹的轰击膜及阻挡网装入微粒发射装置中。

(6)将经过预处理的受体材料放置在轰击室的适当位置(阻挡板和靶细胞载物台之间的距离可为 6 cm),关严轰击室门。

### (四)轰击

(1)按 VAC 键抽真空,当表上读数为所需值(88~101 kPa)时,开关打到 HOLD。

(2)按住 FIER 键,使氦气压力达到适当值(与可裂膜的型号相对应,可选 1 100 Pa 的可裂膜),当达到适当压力可裂膜自动破裂,松开 FIER 键,按住 VENT 键,释放轰击室内的真空。打开轰击室门,取出样品,通常每皿轰击 2 次。在第二次轰击前将培养皿水平旋转 180°或将受体材料翻转。

### (五)过渡培养

将轰击后的幼胚接种培养在高渗培养基上恢复培养 24 h 后转入不添加选择

压的愈伤组织诱导培养基培养,(27±2)℃,暗培养,培养时间根据外植体具体情况而定。总的原则是,受轰击的外植体要有充足的时间恢复及外源基因能够进入受体细胞并表达。

### (六)选择培养

将过渡培养后的外植体接种培养在添加适宜选择压(如卡那霉素)的培养基中进行选择培养,直至获得再生植株。

### (七)转基因植株的检测

检测方法同本章实验一。

## 六、提示注意

(1)DNA微弹的制备、装枪、枪击及受体材料培养等操作均在无菌条件下进行。

(2)亚精胺最好现用现配,也可-20℃保存,但保存时间不能超过30 d,否则会发生降解,影响转化效率。

(3)在DNA微弹轰击时,阻挡板和靶细胞载物台之间的距离要根据受体材料类型、状态和厚度等因素确定。

## 七、思考题

(1)影响基因枪转化的关键因素有哪些?

(2)在制备DNA微弹时,金粉或钨粉的颗粒大小对转化效率有没有影响?

(3)在DNA微弹轰击时,阻挡板和靶细胞载物台之间的距离对转化效率有没有影响?

# 实验三　花粉管通道法介导棉花基因转化

## 一、实验目的和意义

本实验以棉花为实验材料,通过花粉管通道法转化目的基因了解花粉管通道法的基本原理和一般步骤,掌握遗传转化的基本操作技术。

## 二、实验原理

花粉管通道法是由中国学者周光宇等 1983 年建立并在长期科学研究中发展起来的,近年来,随着转化技术的不断完善,其在农业分子育种中的应用越来越广泛,已获得水稻、小麦、棉花、大豆、玉米等 20 多种作物品种和品系,确立了其在直接转化中的地位。

花粉管通道转化法的基本原理是利用植物授粉后,花粉在雌蕊柱头上萌发形成的花粉管通道,将外源 DNA 液用微量注射器注入花中,经珠心通道,将外源 DNA 携带入胚囊而实现外源基因转移的方法。植物在双受精完成后,受精卵细胞的初次分裂需要充分的物质和能量积累。此时期的细胞尚不具备完整的细胞壁和核膜系统,细胞内外的物质交流频繁,通过花粉通道渗透进入胚囊的外源片段有可能进入受精卵细胞,达到遗传转化目的。利用花粉管通道法导入外源基因通常采用微注射法、柱头滴加法和花粉粒携带法等方法。棉花的花器官较大,常常采用微注射法,利用微量注射器将待转基因注射到受精子房。

同载体转化系统和直接转化系统相比,种质转化系统中的花粉管通道法有效地利用了植物自然生殖过程,避开了植株再生的难题,具有操作简单、方便、快速的特点。此法的局限性在于只能用于开花植物的遗传转化,且只有在开花期才可以进行转育。随着研究的不断深入,花粉管通道法的技术体系和相关理论将更加完善。

## 三、实验仪器与试剂

1.实验设备和用具:超净工作台,控温摇床,高压蒸汽灭菌锅,紫外分光光度计,电子天平,台式离心机,PCR 仪,电泳仪,微量移液器,(低温)冰箱,注射器,Eppendorf 管等。

2. 化学试剂:

(1)常规试剂。70％乙醇,无水乙醇,无菌重蒸水,10 mmol/L Tris-HCl,1 mmol/L EDTA,3 mol/L NaCl,0.3 mol/L 柠檬酸三钠。

(2)抗生素。卡那霉素(Kanamycin,Kan )或潮霉素(Hygromycin,Hyg)。

(3)酶及分子检测试剂。

(4)Taq DNA 聚合酶,DNA 分子质量标记,DNA 回收试剂盒,T₄ DNA 连接酶,各种限制性内切酶和反转录 PCR 试剂盒,地高辛 Southern 杂交试剂盒,Hybond TMN⁺ 尼龙膜等。

(5)TE 缓冲液。10 mmol/L Tris-HCl,1 mmol/L EDTA ,pH 8.0,高压灭菌,4℃保存备用。

(6)20×SSC 缓冲液。3 mol/L NaCl,0.3 mol/L 柠檬酸三钠,pH 7.0。

## 四、实验材料

(1)株型较好、生长健壮的棉花。

(2)供体 DNA:携带选择标记基因如 $npt$Ⅱ、$hpt$Ⅱ 、$gus$A 或目的基因的质粒 pBI121 或供体植物基因组 DNA。

## 五、操作步骤与方法

### (一)制备供体 DNA

将从供体植物中提取的基因组 DNA 或从大肠杆菌、农杆菌中提取的质粒 DNA 纯化,以基因组 DNA 或质粒的形式制备 DNA 导入液;也可以将基因组 DNA 或质粒 DNA 酶切,以 DNA 片段形式制备 DNA 导入液。

植物基因组 DNA 的提取方法及大肠杆菌、农杆菌中质粒 DNA 的提取及纯化方法参照《分子克隆实验指南》第三版。

DNA 导入液的制备:将纯化后的植物基因组 DNA,大肠杆菌、农杆菌中质粒 DNA 或酶切 DNA 片段用 TE 缓冲液或 1×SSC 溶液溶解制备 DNA 导入液,DNA 浓度为 50~100 $\mu$g/mL,备用。

### (二)转化受体材料的准备

以发育正常的花作为转化受体。选择次日将开花的花蕾进行自交,将指状花冠的前端用彩色细线系紧,并将细线的另一端系于铃柄,作为收获时的标记。在开花 20～24 h 后,选择果枝和花位(一般选择第二果台至第六果台)较好,花朵颜色由白色变成粉红色的幼子房作为转化对象。

### (三)供体 DNA 导入受体

1. 剥花:供体 DNA 导入受体前,要将花冠连同雄蕊、柱头、花柱一起摘除,仅剩裸露完整的幼铃和包叶,花柱要从幼铃顶部断下,使伸入幼铃的花柱与幼铃顶端平齐,具体操作方法是,一只手在下端将幼铃固定,另一只手抓紧花冠,包括其中的雄蕊、柱头、花柱,左右轻晃,慢慢地拔起,注意不能损伤子房的表皮层,以免增加脱落率。

2. 供体 DNA 注射:将制备好的 DNA 导入液吸入 50 $\mu$L 微量注射器中,一只手持微量注射器,另外一只手轻扶摘除花瓣后的幼子房,从抹平花柱处沿子房的纵轴方向进针至子房长度约 2/3 处,然后退至约 1/3 处。在针头前形成一定空间以容纳供体 DNA,轻轻推动微量注射器,将供体 DNA 溶液推入受精子房之中,每个幼铃注射 DNA 溶液 5～10 $\mu$L。注射后,迅速套袋隔离至种子成熟。

### (四)转基因植株的检测

检测方法同本章实验一。

## 六、提示注意

(1)供体 DNA 注射前,剥花动作要轻,尽量减少损伤,减少脱落率。
(2)实验中使用的溶液和器械(如注射器)均要灭菌,以免影响转化效率。

## 七、思考题

(1)为什么通过花粉管通道可以进行基因转移?
(2)花粉管通道法导入外源 DNA 的影响因素有哪些?

# 第九章
# 植物种质离体保存

# 第六章

## 直接材料成本的核算

# 实验一　苹果低温离体保存技术

## 一、实验目的及意义

　　植物低温保存技术是植物种质资源离体保存中限制生长保存的方法之一,在影响离体保存的因素中,培养中的环境温度是影响低温保存最重要的因素之一,降低培养温度也是植物组织培养物缓慢生长保存最常用的方法。植物低温保存技术经过几十年的发展,技术上较完善,基本上可保证有较高的存活率,是最简单而有效的方法,在植物种质资源保存中已被广泛应用,但该方法工作量大,仅可作为植物种质资源的短期和中期保存方法。

　　本实验以苹果低温保存技术为例,掌握植物组织培养和低温保存的操作技术;了解不同植物对低温的敏感性,理解低温保存技术的基本原理和植物细胞全能性。

## 二、实验原理

　　植物低温保存技术的基本原理是通过降低温度来减缓植物组织、细胞的生长,又不致死亡,以达到延长保存的目的。多数植物的培养体最佳生长温度为20～25℃,当降至0～12℃时生长速度明显下降;少数热带种类最佳生长温度为30℃,一般在15～20℃时会降低生长速度。

## 三、实验仪器与药品

　　1.仪器设备:高压灭菌锅(器),光照培养箱,振荡培养箱,天平,酸度计,超净工作台等。

　　2.器械及用具:解剖镜,镊子,手术刀,接种针,细菌过滤器,记号笔等。

　　3.玻璃器皿:三角瓶,培养瓶,培养皿,量筒,容量瓶等。

　　4.药品:MS培养基,6-BA,NAA,蔗糖,琼脂,酒精,无菌水,次氯酸钠等。

## 四、实验材料

苹果茎尖。

## 五、操作步骤与方法

### (一)培养基的制备

1. 母液的配制:苹果试管苗的基本培养基是 MS 培养基,按其性质和含量来分主要由以下几部分组成:①无机营养,包括大量元素和微量元素;②有机物质;③铁盐;④碳水化合物;⑤天然复合物;⑥激素;⑦琼脂(固体培养基);⑧其他添加物。在培养基的配制中,对各组分的成分,常先要按其需用量扩大一定倍数,配制成母液。配制母液时应注意以下两个方面。

(1)配制大量元素母液时,为了避免产生沉淀,各种化学物质必须充分溶解后才能混合,同时混合时要注意先后顺序,把钙离子($Ca^{2+}$)、锰离子($Mn^{2+}$)、钡离子($Ba^{2+}$)和硫酸根($SO_4^{2-}$)、磷酸根($PO_4^{3-}$)错开,以免形成硫酸钙、磷酸钙等沉淀,并且各种成分要慢慢混合,边混合边搅拌。

(2)各类激素用量极微,其母液一般配制成 $0.1 \sim 1$ mg/mL。有些激素配制母液时不溶于水,需经加热或用少量稀酸、稀碱及 95% 酒精溶解后再加水定容。所用的激素类的溶解方法如下。NAA:先用热水或少量 95% 酒精溶解;6-BA:要先溶于 1 mol/L 盐酸。

2. 培养基的配制、分装及灭菌:待 3% 蔗糖全部溶解后,用 1 mol/L 的 NaOH 或 HCl 调酸碱度至 pH 5.8,加入琼脂粉(5 g/L),加热使琼脂完全熔化,蒸馏水补齐溶液体积,分装在三角瓶或培养瓶中,高压灭菌。不耐高温的培养基成分,需过滤灭菌。

### (二)外植体取材、消毒及接种

1. 取材与消毒:取材春季新梢或温室取材时应选取无病、无虫、生长健康的茎尖作为外植体。外植体表面消毒的一般程序为:外植体→自来水多次漂洗→消毒剂处理→无菌水反复冲洗→无菌滤纸吸干。消毒用 2% 次氯酸钠 15 min。

2. 无菌操作:

(1)接种室消毒。超净工作台面用 70% 酒精擦拭,打开紫外灯照射 20 min,进行无菌室及超净工作台杀菌。

（2）材料的接种。操作人员接种前必须剪除指甲，并用肥皂水洗手，接种前用70%酒精擦拭，接种时最好戴口罩。在解剖镜下剥取离体茎尖。接种时，必须在近火焰处打开培养容器的瓶口，并使瓶倾斜（瓶口低，瓶底高），以免空气中的微生物落入瓶内。

### （三）无菌培养与低温处理

苹果茎尖诱导芽的基本培养基为 MS＋2 mg/L BA。

试管苗的继代培养基为 MS＋0.5 mg/L BA＋0.05 mg/L NAA。接种后材料放入培养室或培养箱内培养，培养温度为（25±2）℃，光周期 8 h 光照/16 h 黑暗，光照强度 30 $\mu$mol/($m^2$ · s)。室温条件下培养的试管苗，在 5℃ 条件下进行低温培养，并以室温条件下培养为对照。

### （四）观察记载

培养 30 d、60 d、90 d、120 d、150 d、180 d 定期观察和记录生长情况及存活率。

## 六、思考题

（1）理解低温条件下离体保存种质资源的原理。

（2）简述低温离体保存种质资源操作应注意的问题。

# 实验二  马铃薯试管苗保存技术

## 一、实验目的及意义

马铃薯是粮菜兼用的重要作物,但对于马铃薯等无性繁殖作物,繁殖器官体积大,含水量高,贮藏过程中易发芽,需年年田间种植,并且为大株行距作物,占地面积大,还易受病毒侵染造成退化,因此,用常规方法保存数量极大的马铃薯种质是非常困难的事情。采用组织培养技术建立无菌试管苗保存马铃薯种质,免去了大田种植保存的费工费时以及危险性,贮藏空间小,繁殖系数高,并且便于提供原种、地区间发放和国际间交流。因此,试管苗保存是当前保存种质既经济又实用的方法。

通过马铃薯试管苗保存的实验,掌握植物试管苗保存的操作技术,了解植物生长抑制剂或渗透压调节剂等在植物种质资源离体保存中的作用,理解改变培养基成分、添加植物生长抑制剂或渗透压调节剂等延长植物种质资源保存的基本原理。

## 二、实验原理

在植物种质资源离体保存中,改变培养基成分、添加植物生长抑制剂或渗透压调节剂等,使细胞生长速率降至最低限度,而达到延长种质资源保存的目的。植物生长发育状况依赖于外界养分的供给,如果养分供应不足,植物生长缓慢,植株矮小。通过调整培养基的养分水平,可有效地限制细胞生长,另外,在培养基中添加一些高渗化合物,如蔗糖、甘露醇、山梨醇等,也是一种常用的缓慢生长保存手段,这类化合物提高了培养基的渗透势负值,造成水分逆境,降低细胞膨压,使细胞吸水困难,减弱新陈代谢活动,延缓细胞生长。不同植物培养物保存所需要渗透物质含量不一样,但试管苗保存时间、存活率、恢复生长率受培养基中高渗物质含量影响的变化趋势基本相同,呈抛物线形。一般情况下,这类化合物在保存早期对试管苗存活率影响不大,但随着时间的延长,对延缓培养物生长,延长保存时间的作用愈加明显。

## 三、实验仪器与药品

1.仪器设备:高压灭菌锅(器),光照培养箱,振荡培养箱,天平,酸度计,超净工作台等。

2.器械及用具:镊子,手术刀,接种针,细菌过滤器,记号笔等。

3.玻璃器皿:三角瓶,培养瓶,培养皿,量筒,容量瓶等。

4.药品:MS 培养基,6-BA,NAA,GA,脱落酸,甘露醇,酒精,无菌水,次氯酸钠,蔗糖,琼脂等。

## 四、实验材料

马铃薯幼苗。

## 五、操作步骤与方法

### (一)培养基的制备

1.母液的配制:马铃薯试管苗的基本培养基是 MS 培养基,按其性质和含量来分主要由以下几部分组成。①无机营养,包括大量元素和微量元素;②有机物质;③铁盐;④碳水化合物;⑤天然复合物;⑥激素;⑦琼脂(固体培养基);⑧其他添加物。在培养基的配制中,对各组分的成分,常先要按其需用量扩大一定倍数,配制成母液。

配制母液时应注意以下两个方面:

(1)配制大量元素母液时,为了避免产生沉淀,各种化学物质必须充分溶解后才能混合,同时混合时要注意先后顺序,把钙离子($Ca^{2+}$)、锰离子($Mn^{2+}$)、钡离子($Ba^{2+}$)和硫酸根($SO_4^{2-}$)、磷酸根($PO_4^{3-}$)错开,以免形成硫酸钙、磷酸钙等沉淀,并且各种成分要慢慢混合,边混合边搅拌。

(2)各类激素用量极微,其母液一般配制成 0.1~1 mg/mL。有些激素配制母液时不溶于水,需经加热或用少量稀酸、稀碱及 95%酒精溶解后再加水定容。所用的激素类的溶解方法如下。NAA:先用热水或少量 95%酒精溶解;6-BA:要先溶于 1 mol/L 盐酸;GA:少量 95%酒精溶解;脱落酸:少量 95%酒精溶解;甘露醇:可在热水中或用力振荡溶解。

2.培养基的配制、分装及灭菌：待 3％蔗糖全部溶解后，用 1 mol/L 的 NaOH或 HCl 调酸碱度至 pH 5.8，加入琼脂粉（5 g/L），加热使琼脂完全熔化，蒸馏水补齐溶液体积，分装在三角瓶或培养瓶中，高压灭菌。不耐高温的培养基成分，需过滤灭菌。

### (二)外植体取材、消毒及接种

1.取材与消毒：选取大田或温室无病、无虫、生长健康的马铃薯茎尖为外植体。外植体表面消毒的一般程序为：外植体→自来水多次漂洗→消毒剂处理→无菌水反复冲洗→无菌滤纸吸干。消毒用 2％次氯酸钠 15 min。

2.试管苗的培育：将消过毒的马铃薯茎尖接种在 MS＋(0.1～0.5) mg/L BAP＋0.5 mg/L GA＋0.01 mg/L NAA 的培养基上，置光照强度在 $40～80\ \mu mol/(m^2 \cdot s)$，16 h/d 或昼夜连续光照下培养。经过 3 个月左右，小苗在试管里长到 3～5 cm 高的苗用于实验。

### (三)培养基中添加脱落酸和甘露醇等的处理

1.培养基中添加脱落酸和甘露醇的处理：马铃薯茎尖培养试管苗切断，接种在MS 培养基上进行脱落酸和甘露醇的处理。

脱落酸的处理浓度：1 mg/L、3 mg/L、5 mg/L、8 mg/L。

甘露醇的处理浓度：1％、2％、4％、6％。

2. 加入不同量的培养基的处理：试管苗接种在 3.0 cm×20 cm 规格试管中的MS 培养基上。每个试管中 MS 培养基的加入量为 5 mL、10 mL、15 mL、20 mL。

### (四)观察记载

培养 30 d、60 d、90 d、120 d、150 d、180 d 定期观察和记录生长情况及存活率。

## 六、思考题

(1)理解不同植物生长抑制剂或渗透压调节剂等对离体保存种质资源的作用原理。

(2)为什么培养基加入量不同会影响种质资源的离体保存？

# 实验三　大蒜茎尖玻璃化法超低温保存技术

## 一、实验目的及意义

大蒜是我国重要蔬菜作物,在我国栽培广泛,遍布全国各地,并且是我国主要出口创汇蔬菜作物之一。由于大蒜主要靠播种蒜瓣繁殖,用种量大,生长周期长,田间繁殖易受气候、栽培条件和病虫害影响,造成品种混杂、退化,甚至丢失。离体保存植物种质资源安全、可靠、无病虫危害,尤其适用于无性繁殖的作物。利用超低温保存技术长期安全保存大蒜种质资源及建立大蒜离体保存基因库,对大蒜植物资源的保存和利用具有极其重要的意义。

通过大蒜茎尖玻璃化法超低温保存的实验,掌握植物超低温保存的操作技术;了解植物在超低温条件(一般指液氮低温,−196℃)下长期保存种质资源的优点,理解玻璃化法超低温下长期保存植物种质资源保存的基本原理。

## 二、实验原理

超低温保存是目前植物种质资源长期稳定保存的理想方法。在超低温(一般指液氮温度,−196℃)条件下,细胞的全部代谢活动和生长过程都停止进行,而细胞活力和形态发生的潜能可保存,这样可保持种质的遗传稳定性,因而可以达到长期保存植物种质资源的目的。玻璃化法超低温保存技术就是将细胞或组织置于由一定比例的渗透性和非渗透性保护剂组成的玻璃化溶液中,使细胞及其玻璃化溶液在足够快的降温速率下过冷到玻璃化转变温度,而被固化成玻璃态(或非晶态),并以这种玻璃态在超低温下达到长期保存。

## 三、实验仪器与药品

1.仪器设备:高压灭菌锅(器),光照培养箱,振荡培养箱,液氮罐,天平,酸度计,超净工作台等。

2.器械及用具:镊子,手术刀,接种针,细菌过滤器,记号笔等。

3.玻璃器皿:三角瓶,培养瓶,培养皿,量筒,容量瓶等。

4.药品:MS 培养基,PVS₂(玻璃化溶液为甘油和乙二醇),液氮,酒精,无菌水,次氯酸钠,蔗糖,琼脂等。

## 四、实验材料

大蒜。

## 五、操作步骤与方法

### (一)培养基的制备

1.母液的配制:大蒜试管苗的基本培养基是 MS 培养基,按其性质和含量来分主要由以下几部分组成:①无机营养,包括大量元素和微量元素;②有机物质;③铁盐;④碳水化合物;⑤天然复合物;⑥激素;⑦琼脂(固体培养基);⑧其他添加物。在培养基的配制中,对各组分的成分,常先要按其需用量扩大一定倍数,配制成母液。配制大量元素母液时,为了避免产生沉淀,各种化学物质必须充分溶解后才能混合,同时混合时要注意先后顺序,把钙离子($Ca^{2+}$)、锰离子($Mn^{2+}$)、钡离子($Ba^{2+}$)和硫酸根($SO_4^{2-}$)、磷酸根($PO_4^{3-}$)错开,以免形成硫酸钙、磷酸钙等沉淀,并且各种成分要慢慢混合,边混合边搅拌。

2.MS 培养基的配制、分装及灭菌:待 3% 蔗糖全部溶解后,用 1 mol/L 的 NaOH 或 HCl 调酸碱度至 pH 5.8,加入琼脂粉(5 g/L),加热使琼脂完全熔化,蒸馏水补齐溶液体积,分装在三角瓶或培养瓶中,高压灭菌。

### (二)外植体取材、消毒及预培养

1.取材及消毒:选取无病、无虫、生长健康的大蒜茎尖为外植体。外植体表面消毒的一般程序为外植体→自来水多次漂洗→消毒剂处理→无菌水反复冲洗→无菌滤纸吸干。用 2% 次氯酸钠消毒 15 min。

2.试管苗的预培养:选择消过毒的大蒜茎尖为材料进行预培养。

(1)低温锻炼。新鲜的大蒜先在 7℃ 下存贮 1 个月,以打破休眠备用。

(2)预培养。基本实验程序是先在超净工作台上剥取已消毒的大蒜茎尖 5～8 mm,接种在 MS 培养基(pH 5.8)上,在 20℃ 下预培养,建立无性繁殖系。通过预培养为 1 d、3 d、5 d 和 7 d 的天数处理,预培养基 MS 中蔗糖的浓度为 0.3 mol/L、

0.7 mol/L、0.9 mol/L 条件下进行处理。

### (三)玻璃化保护剂处理

首先切取经过不同预培养天数处理的茎尖长度为 1.5～2.5 mm、3.0～3.5 mm 和 4.0～4.5 mm 的材料,在 20℃下用 60% $PVS_2$(0.15 mol/L 蔗糖液体培养基与 $PVS_2$ 溶液体积比为 40∶60)溶液进行玻璃化预处理,再在 0℃下用 $PVS_2$(300 g/L 甘油＋150 g/L 乙二醇＋150 g/L DMSO,以含 0.4 mol/L 蔗糖的 MS 液体培养基配制)。60% $PVS_2$ 和 $PVS_2$ 的不同处理时间组合为 60% $PVS_2$∶0 min、5 min、15 min、30 min、60 min;$PVS_2$∶5 min、15 min、30 min、60 min。

### (四)材料的冷冻保存和化冻洗涤

1. 将玻璃化保护剂处理过的材料,在冷冻管中换上新鲜的 $PVS_2$,装入纱布袋,迅速放入液氮中,保存 2 d 至 1 个月。

2. 冻存一定的时间后取出茎尖,37℃水浴解冻 2 min,再转到室温下用 MS 液体培养基(1.2 mol/L 蔗糖, pH 5.8)洗涤 2 次,每次 10 min。

### (五)恢复培养

将茎尖转至不同的恢复培养基中进行恢复培养。在 MS＋0.3 mol/L 蔗糖的固体培养基(4 g/L 琼脂, pH 5.8)上暗培养 4 d,再转到 MS＋0.1 mol/L 蔗糖培养基(7 g/L 琼脂,pH 5.8)上,在正常光照、(20±2)℃条件下恢复培养。

### (六)观察记录和检测茎尖成活率

大蒜茎尖经过冻存 2 d 或 1 个月后取出,再进行恢复培养后 15 d、30 d、45 d 定期观察和记录生长情况及检测茎尖成活率。

## 六、思考题

(1)简述玻璃化法超低温长期保存植物种质资源的作用原理。

(2)在超低温保存中,进行玻璃化保护剂处理对种质资源的离体保存有何影响?

(3)和其他植物种质资源离体保存方法比较,为什么超低温方法保存植物种质资源,其保持种质的遗传稳定性最好?

# 第十章
# 植物人工种子

# 实验一　烟草人工种子制作

## 一、实验目的及意义

掌握用于植物体细胞胚人工种子制作的愈伤组织与不定芽的诱导、体细胞胚胎发生与植株的再生、烟草体细胞胚人工种子制作的原理和方法；熟悉和掌握烟草人工种子的制作流程。

## 二、实验原理

人工种子(artificial seeds)又称合成种子(synthetic seeds)或体细胞种子(somatic seeds)。人工种子的概念首先是 1978 年由 Murashige 在第四届国际植物组织细胞培养大会上提出的。他认为随着组织培养技术的不断发展，可以用少量的外植体同步培养出众多的胚状体，这些胚状体被包埋在某种胶囊内使其具有种子的功能，可以直接用于田间播种。日本学者 Kamada1985 年首先将人工种子的概念延伸，认为使用适当的方法包埋组织培养所获得的具有发育成完整植株的分生组织(芽、愈伤组织、胚状体和生长点等)，可取代天然种子播种的颗粒体均为人工种子。中国科学家陈正华等将人工种子的概念进一步扩展为：任何一种繁殖体，无论是涂膜胶囊中包埋的、裸露的或经过干燥的，只要能够发育成完整植株的均可称之为人工种子。人工种子的结构示意图如图 10-1 所示。

人工种子的优点主要是：第一，通过组织培养的方法可以获得数量很多的胚状体(1 L 培养基中可产生 10 万个胚状体)，而且繁殖速度快，结构完整。第二，可根据不同植物对生长的要求配置不同成分的"种皮"。第三，在大量繁殖苗木和用于人工造林方面，人工种子比采用试管苗的繁殖方法更能降低成本，而且可以直接播种，减少了试管苗移栽在操作和管理上的困难，可以实现机械化操作和常规的田间管理。第四，在无性繁殖植物中，有可能建立一种高效快速的繁殖方法，它既能保持原有品种的种性，又可以使之具有实生苗的复壮效应；体细胞胚是由无性繁殖体系产生的，可以对优异杂种种子不通过有性制种而快速获得大量种子，因此可以固定杂种优势；对于一些不能正常产生种子的特殊植物材料如三倍体、非整倍体、基

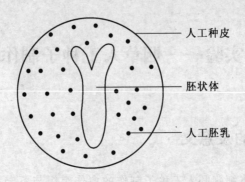

人工种皮

胚状体

人工胚乳

图 10-1　人工种子的结构示意图

因工程植物等,有可能通过人工种子在短期内加大繁殖应用。第五,可以在人工种子中加入某些农药、菌肥、有益微生物、激素等。第六,胚状体发育的途径可以作为高等植物基因工程和遗传工程的桥梁。第七,人工种子可以贮藏,因而可以周年生产,避免了试管苗应用中由于季节性生产而带来的诸多矛盾。第八,人工种子可以长距离运输,因此,人工种子可以建立相对集中的大型生产企业,实现资源和技术优化。

根据包裹繁殖体的不同可将人工种子分为体细胞胚人工种子和非体细胞胚人工种子。以体胚为繁殖体包裹制作而成的人工种子称体细胞胚人工种子;而以不定芽、腋芽、茎节段、原球茎、发根、愈伤组织等制作而成的人工种子称为非体细胞胚人工种子。人工种子研制操作程序大致包括:外植体的选择和消毒;愈伤组织的诱导;体细胞胚的诱导;体细胞胚的同步化;体细胞胚的分选;体细胞胚的包裹(人工胚乳);包裹外膜;发芽成苗实验;体细胞胚变异程度与农艺研究。

## 三、实验仪器与药品

1.仪器:显微镜,高压灭菌设备,超净工作台,滴管,培养瓶等。

2.药品:以附加 20 g/L 蔗糖的 MS 液体培养基配制海藻酸钠和羧甲基纤维素钠溶液,pH 5.8;氯化钙溶液。

不同成分的培养基见以下几种。

(1)$MS_0$:MS 培养基上附加 30 g/L 蔗糖和 7.5 g/L 琼脂粉。

(2)$MC_1$:MS 培养基上添加 0.4 mg/L 2,4-D,0.8 mg/L 6-BA,20 g/L 蔗糖,3 g/L 活性炭(AC)和 7.5 g/L 琼脂粉。

(3)MC$_2$:MS 培养基上添加 0.4 mg/L 2,4-D,0.4 mg/L NAA,0.8 mg/L 6-BA,20 g/L 蔗糖,3 g/L 活性炭和 7.5 g/L 琼脂粉。

(4)MB$_1$:MS 培养基上添加 0.2 mg/L IAA,3.0 mg/L 6-BA,20 g/L 蔗糖和 7.5 g/L 琼脂粉。

(5)MB$_2$:MS 培养基上添加 0.1 mg/L NAA,0.5 mg/L 6-BA,20 g/L 蔗糖和 7.5 g/L 琼脂粉。

(6)MB$_3$:MS 培养基上添加 0.5 mg/L IAA,2.0 mg/L KT,20 g/L 蔗糖和 7.5 g/L 琼脂粉。

(7)愈伤组织的继代培养基:MS 培养基上添加 2.0 mg/L IAA,1.0 mg/L 6-BA,20 g/L 蔗糖,3 g/L 活性炭和 7.5 g/L 琼脂粉。

(8)诱导体胚分化的培养基:MS 培养基上添加 2.0 mg/L NAA,0.5 mg/L 6-BA,20 g/L 蔗糖,2 g/L 活性炭和 7.5 g/L 琼脂粉。

(9)诱导体胚成熟的培养基:MS 培养基上添加 40 g/L 蔗糖和 7.5 g/L 琼脂粉。

(10)不定芽预生根培养基:MS 培养基上添加 1 mg/L IAA,附加 20 g/L 蔗糖和 7.5 g/L 琼脂粉。

本实验所用的培养基,高压灭菌前 pH 调到 5.8,121℃高压灭菌 20 min。

## 四、实验材料

烟草种子。

## 五、操作步骤与方法

1.愈伤组织与不定芽的诱导:

(1)种子的无菌萌发:用 75%酒精浸泡种子 1~2 min,接着用 1 g/L HgCl$_2$ 浸泡 7~8 min,再用无菌水冲洗 3~5 次,无菌滤纸吸干残留的水,播种于 MS$_0$ 培养基上。45 d 左右,小苗长到 3~4 片叶子时取其叶片作为外植体(种子的无菌萌发每隔两周播种一次)。

(2)愈伤组织的诱导与继代:将叶片切成约 0.7 cm×0.7 cm 大小,接种于 MC$_1$ 和 MC$_2$ 培养基上诱导愈伤组织。待叶片完全脱分化为愈伤组织后,将愈伤组织分切成小块接种于继代培养基上进行增殖和胚性的诱导。

(3)不定芽的诱导与生根:将叶片愈伤组织分别接种于 MB$_1$,MB$_2$,MB$_3$ 培养基上进行不定芽的诱导。将诱导产生的不定芽接种于生根培养基($MS_0$)进行生根培养。

(4)培养条件:光照时间为 $12\sim16$ h/d,光照强度 $40$ $\mu mol/(m^2\cdot s)$;温度为 $(25\pm2)$℃;培养室湿度为 $70\%\sim75\%$。

2.体细胞胚胎发生与植株的再生:

(1)体细胞胚胎的诱导:将愈伤组织接种于诱导体胚分化的培养基上诱导烟草体细胞胚发生。

(2)植株再生:从愈伤组织上切下长至心形胚阶段的体胚,接种于诱导体胚成熟的培养基中,接种约 $25$ d,$30\%$左右的体胚可发育至成熟胚。体胚一旦成熟,只要接种于 $MS_0$ 上就能从胚根处长出根,待根长到 $2$ cm 左右(约需 $3$ d),就开始长出叶片形成完整的植株。

3.人工种子的包裹:

(1)不定芽的预生根处理:将叶片诱导的不定芽接种在预生根培养基上 $5$ d,诱导根原基分化。

(2)人工种子的包裹:本研究采用两种人工种子包裹系统进行包裹。

1)海藻酸钙球法:将植物材料(烟草的体细胞胚或腋芽)与 $50$ mL 一定浓度的海藻酸钠溶液混合,并用玻璃棒搅匀;用口径为 $5$ mm 的滴管将含有包裹物的海藻酸钠溶液吸起,滴入 $100$ mL 的 $100$ mmol/L 的氯化钙溶液中进行离子交换 $20$ min,形成白色半透明且具有一定硬度的人工种子;倒掉氯化钙溶液,用无菌去离子水冲洗 $2$ 遍。

2)中空海藻酸钙球法:参考 Patel(2000)方法。先将包裹物与 $50$ mL 含有 $100$ mmol/L 氯化钙的 $20$ g/L 羧甲基纤维素钠溶液混合,搅匀;接着用口径为 $4.5$ mm 的滴管将含有包裹物的羧甲基纤维素钠溶液吸起滴入到 $100$ mL 的 $1.5\%$ 的海藻酸钠溶液中,进行离子交换 $10$ min,在这个过程中要不断地振荡海藻酸钠溶液;而后用无菌去离子水冲洗 $2$ 遍,洗掉未交换的海藻酸钠溶液,防止人工种子相互黏附。最后,将包裹完成的空心球用 $100$ mL 的 $100$ mmol/L 的氯化钙进行固化 $20$ min,再用无菌去离子水冲洗 $2$ 遍。按这种方法包裹成的人工种子由中心液体的核心和表面的海藻酸钙膜组成。膜的厚度可以通过改变离子交换的时间来进行调整。用上述方法制成的人工种子膜的厚度一般为 $0.2\sim0.3$ mm。此时的人工种子是一种胶囊状结构,将其晾干后可贮存或播种。

4.人工种子的贮藏与萌发:将包裹好的人工种子播种于附加 $20$ g/L 蔗糖的 MS 固体培养基和湿润的滤纸上,培养第 $7$ 天、第 $30$ 天时统计发芽率和转株率。发芽率=(发芽的种子/播种数)$\times100\%$;转株率=(发芽并长根的种子数/播种数)$\times100\%$。

## 六、提示注意

(1)叶片在培养基上的放置形式对愈伤组织或不定芽的诱导至关重要。如果叶片平放在培养基上,大部分叶片在 7 d 左右就开始变黄死亡,只有少数能成活。接种时将叶片竖起插在培养基上就能克服上述问题,提高诱导率。

(2)叶片接种 1 周后,伤口处开始膨大,并脱分化长出愈伤组织,35 d 后叶片完全脱分化成愈伤组织,愈伤组织在质地上存在较大的差异。诱导出的愈伤组织主要有 3 类:第一类呈水渍状,透明,质地松散;第二类为黄绿色,块状,质地密实;第三类为淡黄色,颗粒状,质地紧实。第一、二类为非胚性愈伤组织;第三类为胚性愈伤组织。据此,我们主要对第三类愈伤组织进行继代和体细胞胚胎的诱导。

(3)不同细胞分裂素对烟草愈伤组织体胚的诱导起到不同的作用。例如,针对云 85 烟草品种而言,6-BA 优于 KT,KT 优于 ZT。

(4)不同品种在诱导体细胞胚胎分化能力上也存在着较大的差异,本实验所列数据均针对云 85 烟草品种。

(5)光照有利于烟草愈伤组织体胚的诱导。

(6)叶片诱导出的愈伤组织未经继代无法诱导体胚分化,继代一次的愈伤组织,分化出体胚的能力最强,诱导率达 63.2%。

(7)海藻酸钠浓度低于 15 g/L 时,用氯化钙进行离子交换时难以形成颗粒状小球;当海藻酸钠浓度大于 20 g/L 时,随着浓度的提高,发芽率和转株率都急剧下降。

(8)采用中空海藻酸钙包埋方法(液固双层包裹)包裹时,羧甲基纤维素钠溶液与海藻酸钠溶液之间要存在一定的浓度差,含包裹基质的羧甲基纤维素钠才能完全浸没在海藻酸钠溶液中,从而保证由里向外络合时形成的海藻酸钙膜的完整性。例如:海藻酸钠浓度为 15 g/L 时羧甲基纤维素钠的浓度要为 20 g/L。

(9)两种包裹方法对人工种子的发芽率及转株率的影响差别不大,只是人工种子外观形态上存在一定的差异。海藻酸钙球包埋而成的人工种子直径平均为(5.0±0.2) mm,很容易形成蝌蚪状的尾巴;而以中空海藻酸钙球包埋形成的人工种子为半透明状,直径平均为(6.0±0.2) mm,形状比较圆,一般不形成蝌蚪状的尾巴。

## 七、思考题

(1)人工种子制作的关键步骤有哪些?

(2)为什么人工种子在现阶段还没有大面积推广应用?

# 实验二　胡萝卜人工种子制作

## 一、实验目的及意义

掌握用于植物体细胞胚人工种子制作的胚状体的诱导和筛选方法；掌握胡萝卜人工种子制作的原理和方法。

## 二、实验原理

同本章实验一。

## 三、实验仪器与药品

1. 仪器：滴管，高压灭菌设备，超净工作台，培养瓶等。

2. 药品：不同成分的培养基。

（1）$1/4MS_0$：浓度为 1/4 的不含激素的 MS 培养基。

（2）去分化培养基：MS 培养基上添加 2 mg/L 2,4-D,20 g/L 蔗糖,3 g/L 活性炭和 7.5 g/L 琼脂粉。

（3）$MS_{2D}$ 液体培养基：MS 培养基上添加 2 mg/L 2,4-D,20 g/L 蔗糖。

（4）愈伤组织的继代培养基：MS 培养基添加 2 mg/L 2,4-D,20 g/L 蔗糖, 7.5 g/L 琼脂粉。

（5）以附加 20 g/L 蔗糖的 MS 液体培养基配制海藻酸钠和羧甲基纤维素钠溶液,pH 5.8；氯化钙溶液。

本实验所用的培养基,高压灭菌前 pH 调到 5.8,121℃高压灭菌 20 min。

## 四、实验材料

胡萝卜种子。

## 五、操作步骤与方法

1. 种子的无菌萌发：用 75％酒精浸泡种子 5 min，然后在 10％ (V/V) 的次氯酸钠溶液中消毒 20～30 min，再用无菌水冲洗 3～5 次，无菌滤纸吸干残留的水，播种于 1/4 $MS_0$ 培养基上。

2. 愈伤组织的诱导与继代：当种子萌发出幼苗时，将幼苗的下胚轴、子叶和根分别切成 2～3 mm 的小段。将其培养在 MS ＋ 2 mg/L 2,4-D 去分化培养基上，比较不同外植体诱导效果。

3. 培养条件：光照时间为 12～16 h/d，光照强度 40 $\mu$mol/($m^2$ · s)，温度为 (25±2)℃，培养室湿度为 70％～75％。

4. 胚状体的诱导：2～3 周后，在固体去分化培养基上产生愈伤组织，并进行继代培养。当愈伤组织呈现松散、生长速度较快时，将愈伤组织悬浮到液体 MS＋2,4-D 培养基上。每周继代 1 次，并除去大的愈伤组织块，直到形成非常均匀的细胞系。去掉激素，使其在 $MS_0$ 液体培养基上悬浮培养，很快形成大量胚状体。下胚轴愈伤组织呈黄色、松散易碎，将去分化培养基上产生的下胚轴愈伤组织悬浮 $MS_{2D}$ 液体培养基上，经过几次继代培养，逐渐产生颗粒细小、均匀一致的细胞系，在显微镜下观察均为几十个细胞的细胞团。然后将其转入 $MS_0$ 液体培养基，再经过悬浮培养，产生大量均匀一致的适于包埋的胚状体。在胚状体长度介于 1～2 mm 之间进行人工种子包埋，效果最好。胚状体过小，则人工种子发芽慢且不整齐；过大，则本身已发芽。同时在 $MS_{2D}$ 液体培养基上进行悬浮培养的细胞系不断继代，不断转到 $MS_0$ 液体培养基上，可不断产生胚状体进行包埋。

5. 胚状体的筛选：当胚状体长到一定程度时，用过滤法筛选胚状体。

6. 人工种子的包裹：本研究采用两种人工种子包裹系统进行包裹。将筛选的胚状体悬浮于藻朊酸钠凝胶中，把胚状体与凝胶一起滴入 0.1 mol/L $CaCl_2$ 溶液中，便可形成人工种子小球。藻朊酸钠浓度在 1％～2％之间均可形成适宜于胚状体发芽的球。浓度过低，人工种子硬度差；过浓则人工种子的发芽速度有所减慢。有的厂家生产的藻朊酸钠凝固能力较差，其浓度需要加大到 5％方可形成较硬的人工种子。在 $CaCl_2$ 溶液中凝固时间以 30 min 为宜，再增加浸泡时间，人工种子的硬度并不再明显地增加。

7. 人工种子的贮藏与萌发：在常温下人工种子会自动发芽，低温可有效地抑制发芽。在 4℃条件下，人工种子贮存一个月后发芽率仍然正常，超过一个月，某些人工种子时常有轻微的萌动。低温和干燥相结合则能有效地延长人工种子的贮存期。将干燥脱水度达 67％的人工种子,贮存于 2℃ 低温中,60 d 后取出做发芽试验,发芽率仍可达 100％,但贮存在 15℃中 60 d 后则只有 4％的能发芽。实验发现人工种子内的胚状体在用氯化三苯基四氮唑(TTC)染色时,随着发芽能力的降低其染色度亦相应降低,这说明 TTC 染色法,有可能用作人工种子及胚状体贮存过程中发芽能力测定的简易方法。将包裹好的人工种子播种于附加 20 g/L 蔗糖的 MS 固体培养基和湿润的滤纸上,培养第 7 天、第 30 天时统计发芽率和转株率。发芽率=(发芽的种子/播种数)×100％;转株率=(发芽并长根的种子数/播种数)×100％。

## 六、提示注意

(1)外植体在培养基上的放置形式对愈伤组织或不定芽的诱导至关重要。如果叶片平放在培养基上,大部分叶片在 7 d 左右就开始变黄死亡,只有少数能成活。接种时将叶片竖起插在培养基上就能克服上述问题,提高诱导率。

(2)外植体接种 1 周后,伤口处开始膨大,并脱分化长出愈伤组织,数天后完全脱分化成愈伤组织,愈伤组织在质地上存在较大的差异。诱导出的愈伤组织主要有 3 类:第一类呈水渍状,透明,质地松散;第二类为黄绿色,块状,质地密实;第三类为淡黄色,颗粒状,质地紧实。第一、二类为非胚性愈伤组织;第三类为胚性愈伤组织。据此,我们主要对第三类愈伤组织进行继代和体细胞胚胎的诱导。

(3)海藻酸钠浓度低于 15 g/L 时,用氯化钙进行离子交换时难以形成颗粒状小球;当海藻酸钠浓度大于 20 g/L 时,随着浓度的提高,发芽率和转株率都急剧下降。

## 七、思考题

(1)胡萝卜人工种子制作的要点有哪些?
(2)怎样测定人工种子的质量?

附　　　　录

# 附录一 元素原子质量表

（录自 1997 年国际原子质量表，并全部取 4 位有效数字）

| 元素 | 符号 | 原子质量 | 原子序数 |
|------|------|---------|---------|
| 锕 | Ac | 227.0 | 89 |
| 银 | Ag | 107.9 | 47 |
| 铝 | Al | 26.98 | 13 |
| 镅 | Am | 243* | 95 |
| 氩 | Ar | 39.95 | 18 |
| 砷 | As | 74.92 | 33 |
| 砹 | At | 210* | 85 |
| 金 | Au | 197.0 | 79 |
| 硼 | B | 10.81 | 5 |
| 钡 | Ba | 137.3 | 56 |
| 铍 | Be | 9.012 | 4 |
| 铋 | Bi | 209.0 | 83 |
| 锫 | Bk | 247 | 97 |
| 溴 | Br | 79.90 | 35 |
| 碳 | C | 12.01 | 6 |
| 钙 | Ca | 40.08 | 20 |
| 镉 | Cd | 112.4 | 48 |
| 铈 | Ce | 140.1 | 58 |
| 锎 | Cf | 251* | 98 |
| 氯 | Cl | 35.45 | 17 |
| 锔 | Cm | 247* | 96 |
| 钴 | Co | 58.93 | 27 |
| 铬 | Cr | 52.00 | 24 |
| 铯 | Cs | 132.9 | 55 |
| 铜 | Cu | 63.55 | 29 |
| 镝 | Dy | 162.5 | 66 |
| 铒 | Er | 167.3 | 68 |

续表

| 元素 | 符号 | 原子质量 | 原子序数 |
|------|------|----------|----------|
| 锿 | Es | 254* | 99 |
| 铕 | Eu | 152.0 | 63 |
| 氟 | F | 19.00 | 9 |
| 铁 | Fe | 55.85 | 26 |
| 镄 | Fm | 257* | 100 |
| 钫 | Fr | 223* | 87 |
| 镓 | Ga | 69.72 | 31 |
| 钆 | Gd | 157.3 | 64 |
| 锗 | Ge | 72.59 | 32 |
| 氢 | H | 1.008 | 1 |
| 氦 | He | 4.003 | 2 |
| 铪 | Hf | 178.5 | 72 |
| 汞 | Hg | 200.6 | 80 |
| 钬 | Ho | 164.9 | 67 |
| 碘 | I | 126.9 | 53 |
| 铟 | In | 114.8 | 49 |
| 铱 | Ir | 192.2 | 77 |
| 钾 | K | 39.10 | 19 |
| 氪 | Kr | 83.80 | 36 |
| 镧 | La | 138.9 | 57 |
| 锂 | Li | 6.941 | 3 |
| 镥 | Lu | 175.0 | 71 |
| 铹 | Lr | 260* | 103 |
| 钔 | Md | 258* | 101 |
| 镁 | Mg | 24.31 | 12 |
| 锰 | Mn | 54.94 | 25 |
| 钼 | Mo | 95.94 | 42 |
| 氮 | N | 14.01 | 7 |
| 钠 | Na | 22.99 | 11 |
| 铌 | Nb | 92.91 | 41 |
| 钕 | Nd | 144.2 | 60 |
| 氖 | Ne | 20.18 | 10 |
| 镍 | Ni | 58.70 | 28 |

续表

| 元素 | 符号 | 原子质量 | 原子序数 |
|------|------|---------|---------|
| 锘 | No | 259* | 102 |
| 镎 | Np | 237.0 | 93 |
| 氧 | O | 16.00 | 8 |
| 锇 | Os | 190.2 | 76 |
| 磷 | P | 30.97 | 15 |
| 镤 | Pa | 231.0 | 91 |
| 铅 | Pb | 207.2 | 82 |
| 钯 | Pd | 106.4 | 46 |
| 钷 | Pm | 147* | 61 |
| 钋 | Po | 209* | 84 |
| 镨 | Pr | 140.9 | 59 |
| 铂 | Pt | 195.1 | 78 |
| 钚 | Pu | 244* | 94 |
| 镭 | Pa | 226.0 | 88 |
| 铷 | Pb | 85.47 | 37 |
| 铼 | Pe | 186.2 | 75 |
| 铑 | Ph | 102.9 | 45 |
| 氡 | Pn | 222* | 86 |
| 钌 | Pu | 101.1 | 44 |
| 硫 | S | 32.06 | 16 |
| 锑 | Sb | 121.8 | 51 |
| 钪 | Sc | 44.96 | 21 |
| 硒 | Se | 78.96 | 34 |
| 硅 | Si | 28.09 | 14 |
| 钐 | Sm | 150.4 | 62 |
| 锡 | Sn | 118.7 | 50 |
| 锶 | Sr | 87.62 | 38 |
| 钽 | Ta | 180.9 | 73 |
| 铽 | Tb | 158.9 | 65 |
| 锝 | Tc | 97* | 43 |
| 碲 | Te | 127.6 | 52 |
| 钍 | Th | 232.0 | 90 |

续表

| 元素 | 符号 | 原子质量 | 原子序数 |
|------|------|----------|----------|
| 钛 | Ti | 47.90 | 22 |
| 铊 | Tl | 204.4 | 81 |
| 铥 | Tm | 168.9 | 69 |
| 铀 | U | 238.0 | 92 |
| 钒 | V | 50.94 | 23 |
| 钨 | W | 183.9 | 74 |
| 氙 | Xe | 131.3 | 54 |
| 钇 | Y | 88.91 | 39 |
| 镱 | Yb | 173.0 | 70 |
| 锌 | Zn | 65.38 | 30 |
| 锆 | Zr | 91.22 | 40 |

注：＊该元素(一般是放射性)最稳定的同位素的原子质量。

# 附录二　常用化合物分子质量表

| 化合物 | 分子式 | 分子质量 |
|---|---|---|
| 大量元素 | | |
| 　硝酸铵 | $NH_4NO_3$ | 80.04 |
| 　硫酸铵 | $(NH_4)_2SO_4$ | 132.15 |
| 　氯化钙 | $CaCl_2 \cdot 2H_2O$ | 147.02 |
| 　硝酸钙 | $Ca(NO_3)_2 \cdot 4H_2O$ | 236.16 |
| 　硫酸镁 | $MgSO_4 \cdot 7H_2O$ | 246.47 |
| 　氯化钾 | $KCl$ | 74.55 |
| 　硝酸钾 | $KNO_3$ | 101.11 |
| 　磷酸二氢钾 | $KH_2PO_4$ | 136.09 |
| 　磷酸二氢钠 | $NaH_2PO_4 \cdot 2H_2O$ | 156.01 |
| 微量元素 | | |
| 　硼酸 | $H_3BO_3$ | 61.83 |
| 　氯化钴 | $CoCl_2 \cdot 6H_2O$ | 237.93 |
| 　硫酸铜 | $CuSO_4 \cdot 5H_2O$ | 249.68 |
| 　硫酸锰 | $MnSO_4 \cdot 4H_2O$ | 223.01 |
| 　碘化钾 | $KI$ | 166.01 |
| 　钼酸钠 | $Na_2MoO_4 \cdot 2H_2O$ | 241.95 |
| 　硫酸锌 | $ZnSO_4 \cdot 7H_2O$ | 287.54 |
| 　乙二胺四乙酸二钠 | $Na_2EDTA \cdot 2H_2O$ | 372.25 |
| 　硫酸亚铁 | $FeSO_4 \cdot 7H_2O$ | 278.03 |
| 　乙二胺四乙酸铁钠 | $FeNa \cdot EDTA$ | 367.07 |
| 糖和糖醇 | | |
| 　果糖 | $C_6H_{12}O_6$ | 180.15 |
| 　葡萄糖 | $C_6H_{12}O_6$ | 180.15 |
| 　甘露醇 | $C_6H_{14}O_6$ | 182.17 |
| 　山梨醇 | $C_6H_{14}O_6$ | 182.17 |
| 　蔗糖 | $C_{12}H_{22}O_{11}$ | 342.31 |
| 维生素和氨基酸 | | |
| 　抗坏血酸(维生素 C) | $C_6H_8O_6$ | 176.12 |
| 　生物素(维生素 H) | $C_{10}H_{16}N_2O_3S$ | 244.31 |
| 　泛酸钙(维生素 $B_5$ 之钙盐) | $(C_9H_{16}NO_5)_2Ca$ | 476.53 |

续表

| 化合物 | 分子式 | 分子质量 |
|---|---|---|
| 维生素 $B_{12}$ | $C_{63}H_{90}CoN_{14}O_{14}P$ | 1 357.64 |
| L-盐酸半胱氨酸 | $C_3H_7NO_2S \cdot HCl$ | 157.63 |
| 叶酸(维生素 Bc,维生素 M) | $C_{19}H_{19}N_7O_6$ | 441.40 |
| 肌醇 | $C_6H_{12}O_6$ | 180.16 |
| 烟酸(维生素 $B_3$) | $C_6H_5NO_2$ | 123.11 |
| 盐酸吡哆醇(维生素 $B_6$) | $C_8H_{11}NO_3 \cdot HCl$ | 205.64 |
| 盐酸硫胺素(维生素 $B_1$) | $C_{12}H_{17}ClN_4OS \cdot HCl$ | 337.29 |
| 甘氨酸 | $C_2H_5NO_2$ | 75.07 |
| L-谷氨酰胺 | $C_5H_{10}N_2O_3$ | 146.15 |
| 激素 | | |
| 生长素 | | |
| $\rho$-PA($\rho$-对氯苯氧乙酸) | $C_8H_7O_3Cl$ | 186.59 |
| 2,4-D(2,4-二氯苯氧乙酸) | $C_8H_6O_3C_{12}$ | 221.04 |
| IAA(吲哚-3-乙酸) | $C_{10}H_9NO_2$ | 175.18 |
| IBA(3-吲哚丁酸) | $C_{12}H_{13}NO_2$ | 203.23 |
| NAA($\alpha$-萘乙酸) | $C_{12}H_{10}O_2$ | 186.20 |
| NOA($\beta$-萘氧乙酸) | $C_{12}H_{10}O_3$ | 202.20 |
| 细胞分裂素/嘌呤 | | |
| Ad(腺嘌呤) | $C_5H_5N_5 \cdot 3H_2O$ | 189.13 |
| $AdSO_4$(硫酸腺嘌呤) | $(C_5H_5N_5)_2 \cdot H_2SO_4 \cdot 2H_2O$ | 404.37 |
| BA 或 BAP(6-苄基腺嘌呤或 6-苄氨基嘌呤) | $C_{12}H_{11}N_5$ | 225.26 |
| 2iP[6-($\gamma,\gamma$-二甲基丙烯嘌呤或异戊烯氨基嘌呤)] | $C_{10}H_{13}N_5$ | 203.25 |
| 激动素(6-呋喃甲基腺嘌呤) | $C_{10}H_9N_5O$ | 215.21 |
| SD8339[6-(苄氨基)-9-(2-四氢吡喃)-H-嘌呤] | $C_{17}H_{19}N_5O$ | 309.40 |
| 玉米素(异戊烯腺嘌呤) | $C_{10}H_{13}N_5O$ | 219.25 |
| 赤霉素 | | |
| $GA_3$(赤霉酸) | $C_{19}H_{22}O_6$ | 346.37 |
| 其他化合物 | | |
| 脱落酸 | $C_{15}H_{20}O_4$ | 264.31 |
| 秋水仙素 | $C_{22}H_{25}NO_6$ | 399.43 |
| 间苯三酚 | $C_6H_6O_3$ | 126.11 |

# 附录三  常用英文缩写

| 缩写词 | 英文名称 | 中文名称 |
|---|---|---|
| ABA | abscisic acid | 脱落酸 |
| Ac | activated charcol | 活性炭 |
| Ad | adenine | 腺嘌呤 |
| AS | acetosyringone | 乙酰丁香酮 |
| BA | 6-benzyladenine | 6-苄基腺嘌呤 |
| BAP | 6-benzylaminopurine | 6-苄氨基嘌呤 |
| CCC | chlorocholine chloride | 氯化氯胆碱（矮壮素） |
| CH | casein hydrolysate | 水解酪蛋白 |
| CM | coconut milk | 椰子汁 |
| CPW | cell-protoplast washing(solution) | 细胞-原生质体清洗液 |
| 2,4-D | 2,4-dichlorophenoxyacetic acid | 2,4-二氯苯氧乙酸 |
| DMSO | dimethylsulfoxide | 二甲基亚砜 |
| ELISA | enzyme linked immunosorbent assay | 酶联免疫吸附法 |
| EDTA | ethylenediaminetetraacetate | 乙二胺四乙酸盐 |
| FDA | fluorescein diacetate | 荧光素双醋酸酯 |
| $GA_3$ | gibberellic acid | 赤霉素 |
| IAA | indole-3-acetic acid | 吲哚乙酸 |
| IBA | indole-3-butyric acid | 吲哚丁酸 |
| 2iP | 6-($\gamma$, $\gamma$-dimethylallylamino)purine 或 2-isopentenyladenine | 二甲基丙烯腺嘌呤 或异戊烯腺嘌呤 |
| KT | kinetin | 激动素 |
| LH | lactalbumin hydrolysate | 水解乳蛋白 |
| lx | lux | 勒克司（照度单位） |
| ME | malt extract | 麦芽浸出物 |
| mol | mole | 摩尔 |
| NAA | $\alpha$-aphthaleneacetic acid | 萘乙酸 |
| PCV | packed cell volume | 细胞密实体积 |
| PEG | polyethylene glycol | 聚乙二醇 |
| PG | phloroglucinol | 间苯三酚 |
| $PP_{333}$ | paclobutrazol | 多效唑 |
| PVP | polyvinylpyrrolidone | 聚乙烯吡咯烷酮 |
| r/min | rotation per minute | 每分钟转数 |
| TDZ | thidiazuron | 噻苯隆 |
| TIBA | 2,3,5-triiodobenzoic acid | 三碘苯甲酸 |
| UV | ultraviolet(light) | 紫外光 |
| YE | yeast extract | 酵母浸提物 |
| Zt | zeatin | 玉米素 |

# 附录四　植物组织培养常用培养基成分表

mg/L

| 培养基成分 | Murashige 和 Skoog (MS)(1962) | Gamborg (B₅)(1968) | N₆ 朱至清 (1975) | Linsmaier 和 Skoog (LS)(1965) | White W-63 (1963) | Nitsch (N)(1963) | Wolter 和 Skoog (WS)(1966) | Murashige 和 Tucher (MT)(1969) | Schenk 和 Hildebra-ndt (SH)(1972) | Bourgin (H)(1967) | Miller (M)(1965) | Eriksson (ER)(1965) | Nitsch (N-69)(1969) |
|---|---|---|---|---|---|---|---|---|---|---|---|---|---|
| $(NH_4)_2SO_4$ | — | 134 | 463 | — | — | — | — | — | — | — | — | — | — |
| $NH_4NO_3$ | 1 650 | — | — | 1 650 | — | 725 | 50 | 1 650 | — | 720 | 1 000 | 1 200 | 720 |
| $KNO_3$ | 1 900 | 2 500 | 2 830 | 1 900 | 80 | 925 | 170 | 1 900 | 2 500 | 925 | 1 000 | 1 900 | 950 |
| $Ca(NO_3)_2 \cdot 4H_2O$ | — | — | — | — | 200 | 500 | — | — | — | — | — | — | — |
| $CaCl_2 \cdot 2H_2O$ | 440 | 150 | 166 | 400 | — | — | 425 | 440 | 200 | 166 | 347 | 400 | 166 |
| $MgSO_4 \cdot 7H_2O$ | 370 | 250 | 185 | 370 | 720 | 125 | — | 370 | 400 | 185 | 35 | 370 | 185 |
| $KH_2PO_4$ | 170 | — | 400 | 170 | — | 88 | — | 170 | — | 68 | 300 | 340 | 68 |
| $NaH_2PO_4 \cdot H_2O$ | — | 150 | — | — | 17 | — | — | — | 15 | — | — | — | — |
| $Na_2\text{-}EDTA$ | 37.3 | 37.3 | 37.3 | 37.3 | — | 37.3 | 37.3 | 37.3 | 20 | 37.3 | — | — | 37.3 |
| $Fe\text{-}EDTA$ | — | — | — | — | — | — | — | — | — | — | — | — | — |
| $NaFe\text{-}EDTA$ | — | — | — | — | — | — | — | — | — | — | 32 | — | — |
| $FeSO_4 \cdot 7H_2O$ | 27.8 | 27.8 | 27.8 | 27.8 | — | 27.8 | 27.8 | 27.8 | 20 | 27.8 | — | 27.8 | 27.8 |
| $KCl$ | — | — | — | — | 200 | — | 140 | — | — | — | 65 | — | — |
| $Na_2SO_4$ | — | — | — | — | — | — | 425 | — | — | — | — | — | — |
| Gtigy 螯合铁(330) | — | — | — | — | — | — | — | — | — | — | — | — | — |

续表

| 培养基成分 | Murashige 和 Skoog (MS)(1962) | Gamborg ($B_5$)(1968) | $N_6$ 朱至清(1975) | Linsmaier 和 Skoog (LS)(1965) | White W-63(1963) | Nitsch (N)(1963) | Wolter 和 Skoog (WS)(1966) | Murashige 和 Tucher (MT)(1969) | Schenk 和 Hildebra-ndt (SH)(1972) | Bourgin (H)(1967) | Miller (M)(1965) | Eriksson (ER)(1965) | Nitsch (N-69)(1969) |
|---|---|---|---|---|---|---|---|---|---|---|---|---|---|
| 柠檬酸铁 $Fe_3(PO_4)_2$ | — | — | — | — | — | 10 | — | — | — | — | — | — | — |
| $FeCl_3$ | — | — | — | — | — | — | — | — | — | — | — | — | — |
| $Fe_2(SO_4)_3$ | — | — | — | — | 2.5 | — | — | — | — | — | — | — | — |
| $FePO_4 \cdot 4H_2O$ | — | — | — | — | — | — | — | — | — | — | — | — | — |
| $Na_2HPO_4$ | — | — | — | — | — | — | — | — | — | — | — | — | — |
| $Na_2HPO_4 \cdot 12H_2O$ | — | — | — | — | — | — | 35 | — | — | — | — | — | — |
| $NH_4Cl$ | — | — | — | — | — | — | 35 | — | — | — | — | — | — |
| $CaSO_4$ | — | — | — | — | — | — | — | — | — | — | — | — | — |
| $Ca_3(PO_4)_2$ | — | — | — | — | — | — | — | — | — | — | — | — | — |
| $NH_4H_2PO_4$ | — | — | — | — | — | — | — | — | 300 | — | — | — | — |
| $NaNO_3$ | — | — | — | — | — | — | — | — | — | — | — | — | — |
| $MnSO_4 \cdot H_2O$ | — | 10 | — | — | — | — | — | — | 10 | — | — | — | — |
| $MnSO_4 \cdot 2H_2O$ | — | — | — | — | — | — | — | — | — | — | — | — | — |
| $MnSO_4 \cdot 4H_2O$ | 22.3 | — | 4.0 | 22.3 | 5.0 | 25 | 7.5 | 22.3 | — | 25 | 4.4 | 2.23 | 25 |
| $MnSO_4 \cdot 7H_2O$ | — | — | — | — | — | — | 9 | — | — | — | — | — | — |
| $ZnSO_4 \cdot 7H_2O$ | 8.6 | 2.0 | 3.8 | 8.6 | 3.0 | 10 | 3.2 | 8.6 | 1.0 | 10 | 1.5 | 15 | 10 |
| $ZnSO_4$ | — | — | — | — | — | — | — | — | — | — | — | — | — |
| $H_3BO_3$ | 6.2 | 3.0 | 1.6 | 6.2 | 1.5 | 10 | — | 6.2 | 5.0 | 10 | 1.6 | 0.63 | 3 |
| 草酸铁 | — | — | — | — | — | — | 28 | — | — | — | — | — | — |

续表

| 培养基成分 | Murashige 和 Skoog (MS)(1962) | Gamborg (B₅)(1968) | N₆ 朱至清 (1975) | Linsmaier 和 Skoog (LS)(1965) | White W-63 (1963) | Nitsch (N)(1963) | Wolter 和 Skoog (WS)(1966) | Murashige 和 Tucher (MT)(1969) | Schenk 和 Hildebra-ndt (SH)(1972) | Bourgin (H)(1967) | Miller (M)(1965) | Eriksson (ER)(1965) | Nitsch (N-69)(1969) |
|---|---|---|---|---|---|---|---|---|---|---|---|---|---|
| $Na_2SO_4$ | — | — | — | — | — | — | — | — | — | — | — | — | — |
| $NaH_2PO_4 \cdot H_2O$ | — | — | — | — | — | — | — | — | — | — | — | — | — |
| $KI$ | 0.83 | 0.75 | 0.8 | 0.83 | 0.75 | 0.75 | 1.6 | 0.83 | 1.0 | — | 0.8 | — | — |
| $Na_2MoO_4 \cdot 2H_2O$ | 0.25 | 0.25 | 0.25 | 0.25 | — | 0.25 | — | — | 0.25 | 0.25 | — | 0.025 | 0.25 |
| $MoO_3$ | — | — | — | — | 0.001 | — | — | — | — | — | — | — | — |
| $CuSO_4 \cdot 5H_2O$ | 0.025 | 0.025 | — | 0.025 | — | 0.025 | — | 0.025 | 0.2 | 0.025 | — | 0.002 5 | 0.08 |
| $CoCl_2 \cdot 6H_2O$ | 0.025 | 0.025 | — | 0.025 | — | — | — | 0.025 | 0.1 | — | — | 0.002 5 | — |
| $NiC_2 \cdot 6H_2O$ | — | — | — | — | — | — | — | — | — | — | — | — | — |
| $Cu(NO_3)_2 \cdot 3H_2O$ | — | — | — | — | — | — | — | — | — | — | — | — | — |
| $CoCl_2 \cdot 2H_2O$ | — | — | — | — | — | — | — | — | — | — | — | — | — |
| $AlCl_3$ | — | — | — | — | — | — | — | — | — | — | — | — | — |
| 维生素 $B_{12}$ | — | — | — | — | — | — | — | — | — | — | — | — | — |
| 对氨基苯甲酸 | — | — | — | — | — | — | — | — | — | — | — | — | — |
| 叶酸 | — | — | — | — | — | — | — | — | — | 0.5 | 0.1 | — | 0.5 |
| 维生素 $B_2$ | — | — | — | — | — | — | — | — | — | — | — | — | — |
| 生物素 (VH) | — | — | — | — | — | — | — | — | — | 0.05 | — | — | 0.05 |
| 氯化胆碱 | — | — | — | — | — | — | — | — | — | — | — | — | — |
| 泛酸钙 | — | — | — | — | — | — | — | — | — | — | — | — | — |
| 盐酸硫胺素 (维生素 $B_1$) | 0.1 | 10 | 1 | 0.4 | 0.1 | — | 0.1 | — | 5.0 | — | — | 0.5 | 0.5 |

续表

| 培养基成分 | Murashige 和 Skoog (MS)(1962) | Gamborg (B₅)(1968) | N₆ 朱至清(1975) | Linsmaier 和 Skoog (LS)(1965) | White W-63 (1963) | Nitsch (N)(1963) | Wolter 和 Skoog (WS)(1966) | Murashige 和 Tucher (MT)(1969) | Schenk 和 Hildebra-ndt (SH)(1972) | Bourgin (H)(1967) | Miller (M)(1965) | Eriksson (ER)(1965) | Nitsch (N-69)(1969) |
|---|---|---|---|---|---|---|---|---|---|---|---|---|---|
| 烟酸 | 0.5 | 1.0 | 0.5 | — | 0.3 | 1.25 | 0.5 | 0.5 | 5.0 | 5.0 | 0.5 | — | 5.0 |
| 盐酸吡哆醇(维生素 B₆) | 0.5 | 1.0 | 0.5 | — | 0.1 | 0.25 | 0.1 | 0.5 | 5.0 | 0.5 | 0.1 | 0.5 | 0.5 |
| 肌醇 | 100 | 100 | — | 100 | — | — | 100 | 100 | 1 000 | 100 | — | 0.5 | 100 |
| 甘氨酸 | 2.0 | — | 2 | — | — | 7.5 | — | 2.0 | — | 2 | — | — | — |
| 抗坏血酸(维生素 C) | — | — | — | — | 3.0 | — | — | — | — | — | — | 2.0 | 2.0 |
| 半胱氨酸 | — | — | — | — | — | — | — | — | — | — | — | — | — |
| 尼克酸 | — | — | — | — | — | — | 10 | — | — | — | — | — | — |
| FeC₆H₅O₇(%) | — | — | — | — | — | — | — | — | — | — | — | — | — |
| 水解乳蛋白(LH) | — | — | — | — | — | — | — | — | — | — | — | — | — |
| 水解酪蛋白(CH) | — | — | — | — | — | — | — | — | — | — | — | — | — |
| 蔗糖 | 30 000 | 20 000 | 50 000 | 30 000 | 20 000 | 20 000 | — | 50 000 | 30 000 | 20 000 | 30 000 | 40 000 | 20 000 |
| 琼脂(g) | 10 | 10 | 10 | 10 | 10 | 10 | 10 | — | — | 8 | 10 | — | — |
| pH | 5.8 | 5.5 | 5.8 | 5.8 | 5.6 | 6.0 | — | — | 5.8 | 5.5 | 6.0 | 5.8 | — |

# 附录五　植物组织培养中经常使用的热不稳定物质

| 组分 | 热不稳定性 | 参考来源 |
|---|---|---|
| 脱落酸（ABA） | 部分分解 | Sigma Catalogue |
| 泛酸钙（Ca-pantothenate） | 高度分解 | Dodds & Roberts(1982)；Sigma Catalogue |
| 果糖（Fructose） | 拮抗物质 | Stehsel & Caplin(1969) |
| 赤霉素（Gibberellic acid） | 少量分解 | Butenko(1964)；Watson & Halperin(1981) |
| L-谷氨酸（L-Glutamine） | 高度分解 | Liau & Boll(1970)；Thompson et al. (1977) |
| 3-吲哚乙酸（IAA） | 20 min 高压灭菌损耗 40% | Nissen & Sutter(1988)；Sigma Catalogue |
| N-(3-吲哚乙酰基)-L-丙氨酸(IAA-L-alanine) | 少量分解 | Pence & Caruso(1984)；Sigma Catalogue |
| N-(3-吲哚乙酰基)-L-天冬氨酸(IAA-L-aspartic acid) | 显著分解 | Pence & Caruso(1984)；Sigma Catalogue |
| N-(3-吲哚乙酰基)-甘氨酸(IAA-glycine) | 少量分解 | Pence & Caruso(1984)；Sigma Catalogue |
| N-(3-吲哚乙酰基)-苯丙氨酸(IAA-L-phenylalanine) | 少量分解 | Pence & Caruso(1984)；Sigma Catalogue |
| 3-吲哚丁酸（IBA） | 20 min 高压灭菌损耗 20% | Nissen & Sutter(1988)；Sigma Catalogue |
| 激动素（Kinetin） | 部分分解 | Sigma Catalogue |
| 麦芽浸出物（Malt extract） | inhibitory substances 拮抗物质 | Solomon(1950) |
| 1,3-二苯基脲（N,N′-diphenylurea） | 高压灭菌丧失活性 | Schmitz & Skoog(1970) |
| 吡哆醇（Pyridoxine） | 少量分解 | Singh & Krikorian(1981) |
| 二甲基丙烯嘌呤（2-iP） | 部分分解 | Sigma Catalogue |
| 维生素 $B_1$（Thiamine-HCl） | pH>5.5 时高度分解 | Linsmaier & Skoog (1965)；Liau & Boll (1970) |
| 玉米素（Zeatin） | 部分分解 | Sigma Catalogue |

# 附录六  常用缓冲溶液的配制

### 1. 磷酸缓冲液

母液 A：0.2 mol/L $Na_2HPO_4$ 溶液，$Na_2HPO_4 \cdot 2H_2O$ 35.61 g 或 $Na_2HPO_4 \cdot 7H_2O$ 53.65 g 或 $Na_2HPO_4 \cdot 12H_2O$ 71.64 g 用蒸馏水定容至 1 000 mL。

母液 B：0.2 mol/L $NaH_2PO_4$ 溶液，$Na_2HPO_4 \cdot H_2O$ 27.6 g 或 $Na_2HPO_4 \cdot 2H_2O$ 31.21 g 用蒸馏水定容至 1 000 mL。

**0.1 mol 磷酸缓冲液配法：$x$ mL A ＋$y$ mL B 稀释至 200 mL**

| $x$ | $y$ | pH | $x$ | $y$ | pH |
|------|------|------|------|------|------|
| 6.5 | 93.5 | 5.7 | 55.0 | 45.0 | 6.9 |
| 8.0 | 92.0 | 5.8 | 61.0 | 39.0 | 7.0 |
| 10.0 | 90.0 | 5.9 | 67.0 | 33.0 | 7.1 |
| 12.3 | 87.7 | 6.0 | 72.0 | 28.0 | 7.2 |
| 15.0 | 85.0 | 6.1 | 77.0 | 23.0 | 7.3 |
| 18.5 | 81.5 | 6.2 | 81.0 | 19.0 | 7.4 |
| 22.5 | 77.5 | 6.3 | 84.0 | 16.0 | 7.5 |
| 26.5 | 73.5 | 6.4 | 87.0 | 13.0 | 7.6 |
| 31.5 | 68.5 | 6.5 | 89.5 | 10.5 | 7.7 |
| 37.5 | 62.5 | 6.6 | 91.5 | 8.5 | 7.8 |
| 43.5 | 56.5 | 6.7 | 93.0 | 7.0 | 7.9 |
| 49.0 | 51.0 | 6.8 | 94.7 | 5.3 | 8.0 |

### 2. 醋酸盐缓冲液

母液 A：0.2 mol/L 醋酸液（11.5 mL，稀释至 1 000 mL）。

母液 B：0.2 mol/L 醋酸钠溶液（16.4 g $C_2H_3O_2Na$ 或 27.2 g $C_2H_3O_2Na \cdot 3H_2O$ 定容至 1 000 mL）。

**0.1 mol/L 醋酸盐缓冲液配法:$x$ mL A ＋ $y$ mL B,稀释至 100 mL**

| $x$ | $y$ | pH | $x$ | $y$ | pH |
|------|------|------|------|------|------|
| 46.3 | 3.7 | 3.6 | | | |
| 44.0 | 6.0 | 3.8 | 20.0 | 30.0 | 4.8 |
| 41.0 | 9.0 | 4.0 | 14.8 | 35.2 | 5.0 |
| 36.8 | 13.2 | 4.2 | 10.5 | 39.5 | 5.2 |
| 30.5 | 19.5 | 4.4 | 8.8 | 41.2 | 5.4 |
| 25.5 | 24.5 | 4.6 | 4.8 | 45.2 | 5.6 |

### 3.柠檬酸-磷酸缓冲液

母液 A:0.1 mol/L 柠檬酸溶液(19.2 g 定容至 1 000 mL)。

母液 B:0.2 mol/L 磷酸氢二钠溶液(53.65 g $Na_2HPO_4 \cdot 7H_2O$ 或 71.7 g $Na_2HPO_4 \cdot 12H_2O$ 定容至 1 000 mL)。

**柠檬酸-磷酸缓冲液配法:$x$ mL A＋$y$ mL B,稀释至 100 mL**

| $x$ | $y$ | pH | $x$ | $y$ | pH |
|------|------|------|------|------|------|
| 44.6 | 5.4 | 2.6 | 24.3 | 25.7 | 5.0 |
| 42.2 | 7.8 | 2.8 | 23.3 | 26.7 | 5.2 |
| 39.8 | 10.2 | 3.0 | 22.2 | 27.8 | 5.4 |
| 37.7 | 12.3 | 3.2 | 21.0 | 29.0 | 5.6 |
| 35.9 | 14.1 | 3.4 | 19.7 | 30.3 | 5.8 |
| 33.9 | 16.1 | 3.6 | 17.9 | 32.1 | 6.0 |
| 32.3 | 17.7 | 3.8 | 16.9 | 33.1 | 6.2 |
| 30.7 | 19.3 | 4.0 | 15.4 | 34.6 | 6.4 |
| 29.4 | 20.6 | 4.2 | 13.6 | 36.4 | 6.6 |
| 27.8 | 22.2 | 4.4 | 9.1 | 40.9 | 6.8 |
| 26.7 | 23.3 | 4.6 | 6.5 | 43.6 | 7.0 |
| 25.2 | 24.8 | 4.8 | | | |

### 4.甘氨酸-盐酸缓冲液

母液 A:0.2 mol/L 甘氨酸溶液(15.01 g 定容至 1 000 mL)。

母液 B:0.2 mol/L 盐酸。

**0.05 mol/L 甘氨酸-盐酸缓冲液配法：50 mL A ＋ x mL B，稀释至 200 mL**

| x | pH | x | pH |
|---|---|---|---|
| 5.0 | 3.6 | 16.8 | 2.8 |
| 6.4 | 3.4 | 24.2 | 2.6 |
| 8.2 | 3.2 | 32.4 | 2.4 |
| 11.4 | 3.0 | 44.0 | 2.2 |

### 5. 甘氨酸-氢氧化钠缓冲液

母液 A：0.2 mol/L 甘氨酸溶液（15.01 g 定容至 1 000 mL）。

母液 B：0.2 mol/L NaOH 溶液。

**0.05 mol/L 甘氨酸-氢氧化钠缓冲液配法：50 mL A ＋ x mL B，稀释至 200 mL**

| x | pH | x | pH |
|---|---|---|---|
| 4.0 | 8.6 | 22.4 | 9.6 |
| 6.0 | 8.8 | 27.2 | 9.8 |
| 8.8 | 9.0 | 32.0 | 10.0 |
| 12.0 | 9.2 | 38.6 | 10.4 |
| 16.8 | 9.4 | 45.7 | 10.6 |

### 6. 碳酸钠-碳酸氢钠缓冲液

母液 A：0.1 mol/L $NaHCO_3$（8.40 g 定容至 1 000 mL）。

母液 B：0.1 mol/L $Na_2CO_3$（28.62 g 定容至 1 000 mL）。

**0.05 mol/L 碳酸钠-碳酸氢钠缓冲液配法：x mL A＋y mL B，稀释至 200 mL**

| x | y | pH 20℃ | pH 37℃ | x | y | pH 20℃ | pH 37℃ |
|---|---|---|---|---|---|---|---|
| 90 | 10 | 9.16 | 8.77 | 40 | 60 | 10.14 | 9.9 |
| 80 | 20 | 9.40 | 9.12 | 30 | 70 | 10.28 | 10.08 |
| 70 | 30 | 9.51 | 9.40 | 20 | 80 | 10.53 | 10.28 |
| 60 | 40 | 9.78 | 9.50 | 10 | 90 | 10.83 | 10.57 |
| 50 | 50 | 9.90 | 9.72 | | | | |

注：$Ca^{2+}$、$Mg^{2+}$ 存在时不得使用。

### 7. 柠檬酸-柠檬酸钠缓冲液

母液 A：0.1 mol/L 柠檬酸（21.01 g 定容至 1 000 mL）。

母液 B:0.1 mol/L 柠檬酸钠(29.41 g 定容至 1 000 mL)。

**0.1 mol/L 柠檬酸缓冲液配法:$x$ mL A ＋ $y$ mL B**

| $x$ | $y$ | pH | $x$ | $y$ | pH |
|------|------|-----|------|------|-----|
| 18.6 | 1.4 | 3.0 | 8.2 | 11.8 | 5.0 |
| 17.2 | 2.8 | 3.2 | 7.3 | 12.7 | 5.2 |
| 16.0 | 4.0 | 3.4 | 6.4 | 13.6 | 5.4 |
| 14.9 | 5.1 | 3.6 | 5.5 | 145 | 5.6 |
| 14.0 | 6.0 | 3.8 | 4.7 | 15.3 | 5.8 |
| 13.1 | 6.9 | 4.0 | 3.8 | 16.2 | 6.0 |
| 12 .3 | 7.7 | 4.2 | 2.8 | 17.2 | 6.2 |
| 11.4 | 8.6 | 4.4 | 2.0 | 18.0 | 6.4 |
| 10.3 | 9.7 | 4.6 | 1.4 | 18.6 | 6.6 |
| 9.2 | 10.8 | 4.8 | | | |

### 8. Tris-HCl 缓冲液

母液 A:0.2 mol/L 三羟甲基氨基甲烷(Tris)(24.2 g 溶至 1 000 mL)。

母液 B:0.2 mol/L HCl。

**0.05 mol/L Tris-HCl 缓冲液配法:50 mL A＋ $x$ mL B,稀释到 200 mL**

| $x$ | 5.0 | 8.1 | 12.2 | 16.5 | 21.9 | 26.8 | 32.5 | 38.4 | 41.4 | 44.2 |
|------|-----|-----|------|------|------|------|------|------|------|------|
| pH | 9.0 | 8.8 | 8.6 | 8.4 | 8.2 | 8.0 | 7.8 | 7.6 | 7.4 | 7.2 |

注:Tris 溶液可从空气中吸收 $CO_2$,保存、使用时注意密封。

# 附录七 常用酸碱摩尔浓度的近似配制表

| 名 称 | 浓度(mol/L) | 配 制 方 法 |
|-------|------------|------------|
| $H_2SO_4$ | $36c\ (1/2H_2SO_4)$ | 比重 1.84 的浓硫酸近似 36 mol/L($1/2\ H_2SO_4$) |
| | $6c\ (1/2H_2SO_4)$ | 将浓 $H_2SO_4$ 167 mL 缓慢注入 833 mL 水中 |
| | $2c\ (1/2H_2SO_4)$ | 将浓 $H_2SO_4$ 56 mL 缓慢注入 944 mL 水中 |
| | $1c\ (1/2H_2SO_4)$ | 将浓 $H_2SO_4$ 28 mL 缓慢注入 972 mL 水中 |
| HCl | $12c\ (HCl)$ | 比重 1.19 的盐酸近似 12 mol/L(HCl) |
| | $6c\ (HCl)$ | 将 12 mol/L(HCl)500 mL 加水稀释至 1 000 mL |
| | $2c\ (HCl)$ | 将 12 mol/L(HCl)167 mL 加水稀释至 1 000 mL |
| | $1c\ (HCl)$ | 将 12 mol/L(HCl)83 mL 加水稀释至 1 000 mL |
| $HNO_3$ | $16c\ (HNO_3)$ | 比重 1.42 的硝酸近似 16 mol/L($HNO_3$) |
| | $2c\ (HNO_3)$ | 将 16 mol/L($HNO_3$)125 mL 加水稀释至 1 000 mL |
| | $1c\ (HNO_3)$ | 将 16 mol/L($HNO_3$)63 mL 加水稀释至 1 000 mL |
| HAc | $17.4c\ (HAc)$ | 99% 的冰醋酸近似 17.4 mol/L(HAc) |
| | $1c\ (HAc)$ | 将冰醋酸 59 mL 加水稀释至 1 000 mL |
| NaOH | $1c\ (NaOH)$ | 将 40 g NaOH 溶于水中稀释至 1 000 mL |
| KOH | $1c\ (KOH)$ | 将 56 g KOH 溶于水中稀释至 1 000 mL |

# 附录八  培养基植物激素浓度换算表

## 1. ppm 换算成 mol/L

| ppm (mg/L) | ×10⁻⁶ mol/L | | | | | | | | | | |
|---|---|---|---|---|---|---|---|---|---|---|---|
| | NAA | 2,4-D | IAA | BA | KT | GA₃ | IBA | NOA | 2iP | ZEA | ABA |
| 1 | 5.371 | 4.524 | 5.708 | 4.439 | 4.647 | 2.887 | 4.921 | 4.646 | 4.921 | 4.562 | 3.783 |
| 2 | 10.741 | 9.048 | 11.417 | 8.879 | 9.293 | 5.774 | 9.841 | 9.891 | 9.843 | 9.124 | 7.567 |
| 3 | 16.112 | 13.572 | 17.125 | 13.318 | 13.940 | 8.661 | 14.762 | 14.837 | 14.764 | 13.686 | 11.350 |
| 4 | 21.483 | 18.096 | 22.834 | 17.757 | 18.586 | 11.548 | 19.682 | 19.782 | 19.685 | 18.248 | 15.134 |
| 5 | 26.855 | 22.620 | 28.542 | 22.197 | 21.231 | 14.435 | 24.603 | 24.728 | 24.606 | 22.810 | 18.917 |
| 6 | 32.223 | 27.144 | 34.250 | 26.636 | 27.880 | 17.323 | 29.523 | 29.674 | 29.528 | 27.372 | 22.701 |
| 7 | 37.594 | 31.668 | 39.959 | 31.075 | 32.526 | 20.210 | 34.444 | 34.619 | 34.449 | 31.934 | 26.484 |
| 8 | 42.965 | 36.193 | 45.667 | 35.515 | 37.173 | 23.097 | 39.364 | 39.565 | 39.370 | 36.496 | 30.267 |
| 9 | 48.339 | 40.717 | 51.376 | 39.954 | 41.820 | 25.984 | 44.285 | 44.510 | 44.291 | 41.058 | 34.051 |
| 分子质量 | 186.20 | 221.04 | 175.18 | 225.26 | 251.21 | 346.37 | 203.23 | 202.6 | 203.20 | 219.20 | 264.31 |

## 2. mol/L 换算成 ppm

| ×10⁻⁶ mol/L | ppm(mg/L) | | | | | | | | | | |
|---|---|---|---|---|---|---|---|---|---|---|---|
| | NAA | 2,4-D | IAA | BA | KT | GA₃ | IBA | NOA | 2iP | ZEA | ABA |
| 1 | 0.186 2 | 0.221 0 | 0.175 2 | 0.225 3 | 0.215 2 | 0.346 4 | 0.203 2 | 0.202 2 | 0.203 2 | 0.219 2 | 0.264 3 |
| 2 | 0.372 4 | 0.442 1 | 0.350 4 | 0.450 5 | 0.430 4 | 0.292 7 | 0.406 5 | 0.404 4 | 0.406 4 | 0.438 4 | 0.528 6 |
| 3 | 0.558 6 | 0.663 1 | 0.525 5 | 0.675 8 | 0.645 6 | 1.039 1 | 0.609 7 | 0.606 6 | 0.699 6 | 0.656 7 | 0.792 9 |
| 4 | 0.744 8 | 0.884 2 | 0.700 7 | 0.901 0 | 0.860 8 | 1.385 5 | 0.812 9 | 0.808 8 | 0.812 8 | 0.878 8 | 1.057 2 |
| 5 | 0.931 0 | 1.105 2 | 0.875 9 | 1.126 3 | 1.076 1 | 1.731 9 | 1.016 1 | 1.011 0 | 1.016 0 | 1.096 0 | 1.321 6 |
| 6 | 1.117 2 | 1.326 2 | 1.051 1 | 1.351 6 | 1.291 3 | 2.078 2 | 1.219 4 | 1.213 2 | 1.219 0 | 1.315 2 | 1.585 9 |
| 7 | 1.303 4 | 1.547 3 | 1.226 3 | 1.576 8 | 1.506 5 | 2.424 6 | 1.422 6 | 1.415 4 | 1.422 4 | 1.534 4 | 1.850 2 |
| 8 | 1.489 6 | 1.768 3 | 1.401 4 | 1.802 4 | 1.721 7 | 2.771 0 | 1.625 8 | 1.617 6 | 1.625 6 | 1.753 6 | 2.114 5 |
| 9 | 1.675 8 | 1.989 4 | 1.576 6 | 2.027 3 | 1.936 9 | 3.117 3 | 1.829 1 | 1.819 8 | 1.828 8 | 1.972 6 | 2.378 8 |

# 附录九  常见植物生长调节物质及主要性质

| 名 称 | 化学式 | 分子质量 | 溶解性质 |
|---|---|---|---|
| 吲哚乙酸（IAA） | $C_{10}H_9O_2N$ | 175.19 | 溶于醇、醚、丙酮，在碱性溶液中较稳定，遇热酸后失去活性 |
| 吲哚丁酸（IBA） | $C_{12}H_{13}NO_3$ | 203.24 | 溶于醇、丙酮、醚，不溶于水、氯仿 |
| α-萘乙酸（NAA） | $C_{12}H_{10}O_2$ | 186.20 | 易溶于热水、微溶于冷水，溶于丙酮、醚、乙酸、苯 |
| 2,4-二氯苯氧乙酸（2,4-D） | $C_8H_6Cl_2O_3$ | 221.04 | 难溶于水，溶于醇、丙酮、乙醚等有机溶剂 |
| 赤霉素（GA₃） | $C_{19}H_{22}O_6$ | 346.40 | 难溶于水，不溶石油醚、苯、氯仿而溶于醇类、丙酮、冰醋酸 |
| 4-碘苯氧乙酸（PIPA）（增产灵） | $C_8H_7O_3I$ | 278.00 | 微溶于冷水，易溶于热水、乙醇、氯仿、乙醚、苯 |
| 对氯苯氧乙酸（PCPA）（防落素） | $C_8H_7O_3Cl$ | 186.50 | 溶于乙醇、丙酮和醋酸等有机溶剂和热水 |
| 激动素（KT） | $C_{10}H_9N_5O$ | 215.21 | 易溶于稀盐酸、稀氢氧化钠，微溶于冷水、乙醇、甲醇 |
| 6-苄基腺嘌呤（6-BA） | $C_{12}H_{11}N_5$ | 225.25 | 溶于稀碱、稀酸，不溶于乙醇 |
| 脱落酸（ABA） | $C_{15}H_{20}O_4$ | 264.30 | 溶于碱性溶液如 $NaHCO_3$、三氯甲烷、丙酮、乙醇 |
| 2-氯乙基膦酸（乙烯利）（CEPA） | $ClCH_2PO(OH_2)$ | 144.50 | 易溶于水、乙醇、乙醚 |
| 2,3,5-三碘苯甲酸（TIBA） | $C_7H_3O_2I_3$ | 500.92 | 微溶于水，可溶于热苯、乙醇、丙酮、乙醚 |
| 青鲜素（MH） | $C_4H_4O_2N_2$ | 112.09 | 难溶于水，微溶于醇，易溶于冰醋酸、二乙醇胺 |
| 缩节胺（助壮素）（Pix） | $C_7H_{16}NCl$ | 149.50 | 可溶于水 |
| 矮壮素（CCC） | $C_5H_{13}NCl_{12}$ | 158.07 | 易溶于水，溶于乙醇、丙酮，不溶于苯、二甲苯、乙醚 |
| B₉ | $C_6H_{12}N_2O_3$ | 160.00 | 易溶于水、甲醇、丙酮，不溶于二甲苯 |
| PP₃₃₃（多效唑） | $C_{15}H_{20}ClN_3O$ | 293.50 | 易溶于水、甲醇、丙酮 |
| 三十烷醇（TAL） | $CH_3(CH_2)_{28}CH_2OH$ | 438.38 | 不溶于水，难溶于冷甲醇、乙醇，可溶于热苯、丙酮、乙醇、氯仿 |

# 附录十　温湿度换算表

## 一、3 种温度换算表

| | 摄氏(℃)<br>[C=5/9(F−32)] | 绝对(K) | 华氏(℉)<br>[F=$\frac{9}{5}$C+32] |
|---|---|---|---|
| ℃ | C | C+273.15 | 1.8C+32 |
| K | K−273.15 | K | 1.8K−459.4 |
| ℉ | 0.556F−17.8 | 0.556F+255.3 | F |

## 二、摄氏干湿度与相对湿度换算表

| 干湿示差 | 0.5 | 1.0 | 1.5 | 2.0 | 2.5 | 3.0 | 3.5 | 4.0 | 4.5 | 5.0 | 5.5 | 6.0 | 6.5 | 7.0 | 7.5 | 8.0 |
|---|---|---|---|---|---|---|---|---|---|---|---|---|---|---|---|---|
| 干球温度 | 相对湿度(%) | | | | | | | | | | | | | | | |
| 50 | 97 | 94 | 92 | 89 | 87 | 84 | 82 | 79 | 77 | 74 | 72 | 70 | 68 | 66 | 63 | 61 |
| 49 | 97 | 94 | 92 | 89 | 86 | 84 | 81 | 79 | 77 | 74 | 72 | 70 | 67 | 65 | 63 | 61 |
| 48 | 97 | 94 | 92 | 89 | 86 | 84 | 81 | 79 | 76 | 74 | 71 | 69 | 67 | 65 | 62 | 60 |
| 47 | 97 | 94 | 92 | 89 | 86 | 83 | 81 | 78 | 76 | 73 | 71 | 69 | 66 | 64 | 62 | 60 |
| 46 | 97 | 94 | 91 | 89 | 86 | 83 | 81 | 78 | 76 | 73 | 71 | 68 | 66 | 64 | 62 | 59 |
| 45 | 97 | 94 | 91 | 88 | 86 | 83 | 80 | 78 | 75 | 73 | 70 | 68 | 66 | 63 | 61 | 59 |
| 44 | 97 | 94 | 91 | 88 | 86 | 83 | 80 | 78 | 75 | 72 | 70 | 67 | 65 | 63 | 61 | 58 |
| 43 | 97 | 94 | 91 | 88 | 85 | 83 | 80 | 77 | 75 | 72 | 70 | 67 | 65 | 62 | 60 | 58 |
| 42 | 97 | 94 | 91 | 88 | 85 | 82 | 80 | 77 | 74 | 72 | 69 | 67 | 64 | 62 | 59 | 57 |
| 41 | 97 | 94 | 91 | 88 | 85 | 82 | 79 | 77 | 74 | 71 | 69 | 66 | 64 | 61 | 59 | 56 |
| 40 | 97 | 94 | 91 | 88 | 85 | 82 | 79 | 76 | 73 | 71 | 68 | 66 | 63 | 61 | 58 | 56 |
| 39 | 97 | 94 | 91 | 87 | 84 | 82 | 79 | 76 | 73 | 70 | 68 | 65 | 63 | 60 | 58 | 55 |

续表

| 干湿示差 | 0.5 | 1.0 | 1.5 | 2.0 | 2.5 | 3.0 | 3.5 | 4.0 | 4.5 | 5.0 | 5.5 | 6.0 | 6.5 | 7.0 | 7.5 | 8.0 |
|---|---|---|---|---|---|---|---|---|---|---|---|---|---|---|---|---|
| 干球温度 | 相对湿度(%) | | | | | | | | | | | | | | | |
| 38 | 97 | 94 | 90 | 87 | 84 | 81 | 78 | 75 | 73 | 70 | 67 | 64 | 62 | 59 | 57 | 54 |
| 37 | 97 | 93 | 90 | 87 | 84 | 81 | 78 | 75 | 72 | 69 | 67 | 64 | 61 | 59 | 56 | 53 |
| 36 | 97 | 93 | 90 | 87 | 84 | 81 | 78 | 75 | 72 | 69 | 66 | 63 | 61 | 58 | 55 | 53 |
| 35 | 97 | 93 | 90 | 87 | 83 | 80 | 77 | 74 | 71 | 68 | 65 | 63 | 60 | 57 | 55 | 52 |
| 34 | 96 | 93 | 90 | 86 | 83 | 80 | 77 | 74 | 71 | 68 | 65 | 62 | 59 | 56 | 54 | 51 |
| 33 | 96 | 93 | 89 | 86 | 83 | 80 | 76 | 73 | 70 | 67 | 64 | 61 | 58 | 56 | 53 | 50 |
| 32 | 96 | 93 | 89 | 86 | 83 | 79 | 76 | 73 | 70 | 66 | 64 | 61 | 58 | 55 | 52 | 49 |
| 31 | 96 | 93 | 89 | 86 | 82 | 79 | 75 | 72 | 69 | 66 | 63 | 60 | 57 | 54 | 51 | 48 |
| 30 | 96 | 92 | 89 | 85 | 82 | 78 | 75 | 72 | 68 | 65 | 62 | 59 | 56 | 53 | 50 | 47 |
| 29 | 96 | 92 | 89 | 85 | 81 | 78 | 74 | 71 | 68 | 64 | 61 | 58 | 55 | 52 | 49 | 46 |
| 28 | 96 | 92 | 88 | 85 | 81 | 77 | 74 | 70 | 67 | 64 | 60 | 57 | 54 | 51 | 48 | 45 |
| 27 | 96 | 92 | 88 | 84 | 81 | 77 | 73 | 70 | 66 | 63 | 60 | 56 | 53 | 50 | 47 | 43 |
| 26 | 96 | 92 | 88 | 84 | 80 | 76 | 73 | 69 | 66 | 62 | 59 | 55 | 52 | 48 | 46 | 42 |
| 25 | 96 | 92 | 88 | 84 | 80 | 76 | 72 | 68 | 64 | 61 | 58 | 54 | 51 | 47 | 44 | 41 |
| 24 | 96 | 91 | 87 | 83 | 79 | 75 | 71 | 68 | 64 | 60 | 57 | 53 | 50 | 46 | 43 | 39 |
| 23 | 96 | 91 | 87 | 83 | 79 | 75 | 71 | 67 | 63 | 59 | 56 | 52 | 48 | 45 | 41 | 38 |
| 22 | 95 | 91 | 87 | 82 | 78 | 74 | 70 | 66 | 62 | 58 | 54 | 50 | 47 | 43 | 40 | 36 |
| 21 | 95 | 91 | 86 | 82 | 78 | 73 | 69 | 65 | 61 | 57 | 53 | 49 | 45 | 42 | 38 | 34 |
| 20 | 95 | 91 | 86 | 81 | 77 | 73 | 68 | 64 | 60 | 56 | 52 | 58 | 44 | 40 | 36 | 32 |
| 19 | 95 | 90 | 86 | 81 | 76 | 72 | 67 | 63 | 59 | 54 | 50 | 56 | 42 | 38 | 34 | 30 |
| 18 | 95 | 90 | 85 | 80 | 76 | 71 | 66 | 62 | 58 | 53 | 49 | 44 | 41 | 36 | 32 | 28 |
| 17 | 95 | 90 | 85 | 80 | 75 | 70 | 65 | 61 | 56 | 51 | 47 | 43 | 39 | 34 | 30 | 26 |
| 16 | 95 | 89 | 84 | 79 | 74 | 69 | 64 | 59 | 55 | 50 | 46 | 41 | 37 | 32 | 28 | 23 |
| 15 | 94 | 89 | 84 | 78 | 73 | 68 | 63 | 58 | 53 | 48 | 44 | 39 | 35 | 30 | 26 | 21 |
| 14 | 94 | 89 | 83 | 78 | 72 | 67 | 62 | 57 | 52 | 46 | 42 | 37 | 32 | 27 | 23 | 18 |
| 13 | 94 | 88 | 83 | 77 | 71 | 66 | 61 | 55 | 50 | 45 | 40 | 34 | 30 | 25 | 20 | 15 |
| 12 | 94 | 88 | 82 | 76 | 70 | 65 | 59 | 53 | 47 | 43 | 38 | 32 | 27 | 22 | 17 | 12 |

续表

| 干湿示差 | 0.5 | 1.0 | 1.5 | 2.0 | 2.5 | 3.0 | 3.5 | 4.0 | 4.5 | 5.0 | 5.5 | 6.0 | 6.5 | 7.0 | 7.5 | 8.0 |
|---|---|---|---|---|---|---|---|---|---|---|---|---|---|---|---|---|
| 干球温度 | 相对湿度(%) | | | | | | | | | | | | | | | |
| 11 | 94 | 87 | 81 | 75 | 69 | 63 | 58 | 52 | 46 | 40 | 36 | 29 | 25 | 19 | 14 | 8 |
| 10 | 93 | 87 | 81 | 74 | 68 | 62 | 56 | 50 | 44 | 38 | 33 | 27 | 22 | 16 | 11 | 5 |
| 9 | 93 | 86 | 80 | 73 | 67 | 60 | 54 | 48 | 42 | 36 | 31 | 24 | 18 | 12 | 7 | 1 |
| 8 | 93 | 86 | 79 | 72 | 66 | 59 | 52 | 46 | 40 | 33 | 27 | 21 | 15 | 9 | 3 | |
| 7 | 93 | 85 | 78 | 71 | 64 | 57 | 50 | 44 | 37 | 31 | 24 | 18 | 11 | 5 | | |
| 6 | 92 | 85 | 77 | 70 | 63 | 55 | 48 | 41 | 34 | 28 | 21 | 13 | 3 | | | |
| 5 | 92 | 84 | 76 | 69 | 61 | 53 | 46 | 36 | 28 | 24 | 16 | 9 | | | | |
| 4 | 92 | 83 | 75 | 67 | 59 | 51 | 44 | 36 | 28 | 20 | 12 | 5 | | | | |
| 3 | 91 | 83 | 74 | 66 | 57 | 49 | 41 | 33 | 25 | 16 | 7 | 1 | | | | |
| 2 | 91 | 82 | 73 | 64 | 55 | 46 | 38 | 29 | 20 | 12 | 1 | | | | | |
| 1 | 90 | 81 | 72 | 62 | 53 | 43 | 34 | 25 | 16 | 8 | | | | | | |
| 0 | 90 | 80 | 71 | 60 | 51 | 40 | 30 | 21 | 12 | 3 | | | | | | |

# 附录十一 细胞筛孔径(μm)与目数换算表

| 目 | 孔径(μm) | 目 | 孔径(μm) | 目 | 孔径(μm) | 目 | 孔径(μm) |
|----|---------|-----|---------|-----|---------|-----|---------|
| 20 | 900 | 100 | 154 | 250 | 61 | 360 | 40 |
| 30 | 600 | 120 | 125 | 280 | 55 | 400 | 38.5 |
| 40 | 450 | 140 | 105 | 300 | 50 | 500 | 30 |
| 50 | 355 | 150 | 100 | 320 | 45 | 600 | 20 |
| 60 | 280 | 160 | 98 | 325 | 43 | 700 | 15 |
| 80 | 180 | 180 | 90 | 350 | 41 | 800 | 10 |
|    |     | 200 | 76 |     |     |     |     |

# 附录十二 离心机转数与离心力的列线图及公式

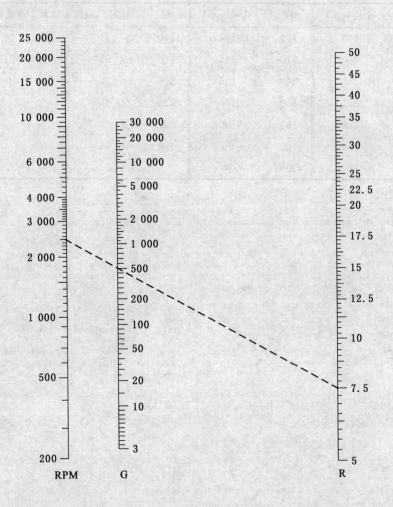

　　在 RPM 标尺(单位:r/min)上取已知转速,在 R 标尺上取已知的离心半径(单位:cm),将这两点作一直线相连,直线所通过的 G 标尺上的交叉点即为相应的离心力。

离心力与离心机转速测算公式：

$$G = 1.119 \times 10^{-5} \times R \times (RPM)^2$$

式中：G 为离心力（g）；R 为离心机头的半径，单位为 cm；RPM 为离心机每分钟的转速。

# 附录十三　计量单位前缀

| 表示的因数 | 词冠名称 | 中文代号 | 国际代号 |
|---|---|---|---|
| $10^6$ | 兆（mega） | 兆 | M |
| $10^3$ | 千（kilo） | 千 | k |
| $10^2$ | 百（hecto） | 百 | h |
| $10^1$ | 十（deca） | 十 | da |
| $10^{-1}$ | 分（deci） | 分 | d |
| $10^{-2}$ | 厘（centi） | 厘 | c |
| $10^{-3}$ | 毫（milli） | 毫 | m |
| $10^{-6}$ | 微（micro） | 微 | $\mu$ |
| $10^{-9}$ | 纳诺（nano） | 纳 | n |
| $10^{-12}$ | 皮可（pico） | 皮 | p |
| $10^{-15}$ | 飞母托（femto） | 飞 | f |

# 参 考 文 献

[1] 毕瑞明,陈立国,后猛,等.小麦的遗传转化.植物生理学通讯,2006,42(3)：573-579.

[2] 曹善东.草莓脱毒试管苗炼苗及移栽技术研究.安徽农业科学,2006,34(1)：17-18.

[3] 曹孜义,刘国民.应用植物组织培养教程(修订本).兰州:甘肃科学技术出版社,2001.

[4] 陈军营,阮祥经,杨凤萍,等.转 DREB 基因烟草悬浮细胞系(BY-2)的建立及其几个与抗盐与抗渗透胁迫相关指标的检测.植物生理学通讯,2007,43(2)：226-230.

[5] 陈利萍,王艳菊,葛亚明,等.石竹科植物组织培养与细胞工程.细胞生物学杂志,2005,27：545-548.

[6] 陈利萍,张明方,Hirata Y,等. Efficient plant regeneration from cotyledon-derived protoplasts of cytoplasmic male-sterile tuber mustard. 植物生理学报,2001,27(5):437-440.

[7] 陈名红,陈毅坚,李天飞,等.烟草种间叶肉原生质体融合方法的研究.云南民族大学学报(自然科学版),2006,15(3):230-234.

[8] 陈学军,陈名红,马文广,等.一种烟草对称融合的快捷培养方法.云南农业大学学报,2004,19(1):24-27.

[9] 陈英,黄敏仁,王明麻.植物遗传转化新技术和新方法.中国生物工程杂志,2005,25(9)：94-98.

[10] 陈再刚,周大祥,胡廷章.影响农杆菌介导植物遗传转化的因素.重庆工学院学报(自然科学版),2007,21(3):106-109.

[11] 陈正华.木本植物组织培养及其应用.北京:高等教育出版社,1986.

[12] 陈正华,Kieth redenbaugh.人工种子.北京:高等教育出版社,1990.

[13] 程红梅,简桂良,倪万潮.转几丁质酶和 $\beta$-1,3-葡聚糖酶基因提高棉花对枯萎病和黄萎病的抗性.中国农业科学,2005,38(6):1160-1166.

[14] 程娜,晓军,赵民安,等.农杆菌介导遗传转化宿主的研究进展.安徽农业科学,2006,34(24):6442-6444.

[15] 崔德才,徐培文.植物组织培养与工厂化育苗.北京:化学工业出版社,2003.

[16] 大澤 勝次 著.植物バイテクの基礎知識.農山漁村文化協会.東京,1994.

[17] 邓明军,崔红.烟草花粉管通道导入外源 DNA 研究初探.河南农业科学,2005 (1):22-24.

[18] 丁莉萍,高莹,李圣纯,等.基因枪介导小麦成熟胚遗传转化的影响因素.武汉 植物学研究,2007,25(3):217-221.

[19] 杜建中,孙毅,王景雪,等.转基因玉米中目的基因的遗传表达及其抗病性研 究.西北植物学报,2007,27(9):1720-1727.

[20] 杜丽璞,徐惠君,叶兴国,等.小麦转 TPS 基因植株的获得及其初步功能鉴 定.麦类作物学报,2007,27(3):369-373.

[21] DNB 440500 05-2001,香蕉种苗的组培快繁技术规程［S］.

[22] 方德秋,侯嵩生,李新明,等.pH 值和激素对新疆紫草悬浮培养细胞生长及 紫草宁衍生物合成的影响.武汉植物学研究,1994,12(2):159-164.

[23] 冯莎莎,杜国强,师校欣,等.DNA 浓度及注射时间对苹果花粉管通道法基因 转化率的影响.农业生物技术科学,2007,23(4):64-66.

[24] 付光明,苏乔,吴畏,等.转 BADH 基因玉米的获得及其耐盐性.辽宁师范大 学学报(自然科学版),2006,29(3):344-347.

[25] 高文远,贾伟.药用植物大规模组织培养.北京:化学工业出版社,2005.

[26] 顾淑荣,刘淑琼,桂耀林.园艺植物组织培养和应用.北京:北京科学技术出版 社,1989.

[27] 管清杰,罗秋香,夏德习,等.水稻 OsAPX1 基因在烟草中的表达及其抗盐性 研究.分子植物育种,2007,5(1):1-7.

[28] 郭文义.烟草人工种子的研究.福建农林大学硕士学位论文,2004.

[29] 郭欣.香蕉的组培育苗技术.林业实用技术,2005(8):28-29.

[30] 郭勇,崔堂兵,谢秀祯.植物细胞培养技术与应用.北京:化学工业出版社, 2004.

[31] 巩振辉.花卉脱毒与快繁新技术.杨凌:西北农林科技大学出版社,2005.

[32] 胡尚连,王丹.植物生物技术.成都:西南交通大学出版社,2004.

[33] 黄莺,刘仁祥,武筑珠,等.活性炭、微量元素、大量元素对烟草花药培养的影 响.贵州农业科学,1999,27(4):1-5.

[34] 简玉瑜,陈远玲,李静,等.转基因水稻外源基因的遗传和表达初步研究.华南 农业大学学报,2001,22(1):56-59.

[35] 蒋明杉,林霞,王升,等.草莓病毒检测技术.北方果树,2001(2):3-15.

[36] 蒋玉蓉.棉花遗传转化方法与耐盐、抗除草剂基因的转化利用研究.浙江大学博士学位论文,2006.

[37] 蒋正宁,邢莉萍,王华忠,等.用基因枪法将小麦病程相关蛋白基因 $TaPR$-21 导入小麦的研究.麦类作物学报,2006,26(3):51-57.

[38] 柯海丽,谭志琼.根癌农杆菌介导基因转化的研究进展.广西热带农业,2006,1:49-51.

[39] 孔青,丰震,刘林,等.外源DNA导入花粉管通道技术的发展和应用.分子植物育种,2005,3(1):113-116.

[40] 李春秀,齐力旺,史胜青,等.毛白杨纤维素合酶基因($PtoCesA$1)的克隆及其在烟草中的遗传转化.林业科学,2007,43(3):39-45.

[41] 李浚明,朱登云.植物组织培养教程.北京:中国农业大学出版社,2005.

[42] 李卫,郭光沁,郑国锠.根癌农杆菌介导遗传转化研究的若干新进展.科学通报,2000,45(8):798-807.

[43] 李余良,胡建广.转基因玉米研究进展.中国农学通报,2006,22(2):71-75.

[44] 梁宏,王起华.植物种质的玻璃化超低温保存.细胞生物学杂志,2005,27:43-45.

[45] 林德书,王艳丽,庄振宏,等.小麦成熟胚再生体系及基因枪转化的初步研究.福建农林大学学报(自然科学版),2005,34(2):141-144.

[46] 林贵美.香蕉组培苗的研究与推广.中国热带农业,2005(6):24-27.

[47] 林栖凤.植物分子育种.北京:科学出版社,2004.

[48] 刘冬梅,武芝霞,刘传亮,等.花粉管通道法获得棉花转基因株系主要农艺性状变异分析.棉花学报,2007,19(6):450-454.

[49] 刘芳,袁鹰,高树仁,等.外源DNA花粉管通道途径导入机理研究进展.玉米科学,2007,15(4):59-62.

[50] 刘丽艳.铃薯茎尖组织离体培养和脱毒快繁的技术.中国林副特产,1998(2):24-25.

[51] 刘亮,易自力,蒋建雄,等.蝴蝶兰丛生芽、原球茎途径的组织培养研究.亚热带植物科学,2008,37(3):43-45.

[52] 刘进平.植物细胞工程简明教程.北京:中国农业出版社,2005.

[53] 刘佩瑛.中国芥菜.北京:中国农业出版,1996.

[54] 刘庆昌,吴国良.植物细胞组织培养.北京:中国农业大学出版社,2003.

[55] 刘青林,马袆,郑玉梅.花卉组织培养.北京:中国农业出版社,2003.

[56] 刘荣维,梅庆超,崔元方,等.丛生芽——蝴蝶兰无性快速繁殖的新途径.热带

作物学报.1993,14(2):105-107.

[57] 刘伟华,李文雄,胡尚连,等.小麦组织培养和基因枪轰击影响因素探讨.西北植物学报,2002,22(3):602-610.

[58] 柳展基,单雷,徐平丽,等.禾本科作物基因枪介导遗传转化研究进展.沈阳农业大学学报,2001,32(6):465-468.

[59] 罗立新,潘力,郑穗平.细胞工程.广州:华南理工大学出版社,2003.

[60] 罗琼,曾千春,周开达,等.水稻花药培养及其在育种中的应用.杂交水稻,2000,15(3):1-2.

[61] 吕瑞华,曹团武,陈耀锋,等.基因枪法转化小麦幼胚瞬时表达.农业生物技术学报,2006,14(1):143-144.

[62] 马盾,黄乐平,黄全生.提高棉花花粉管通道法转化率的研究.西北农业学报,2005,14(1):10-12.

[63] 孟昭河,刘新军,王玉菊,等.利用花粉管通道法将外源 DNA 导入水稻之研究进展.农业生物技术科学,2006(6):52-56.

[64] 倪万潮,郭三堆,贾士荣.花粉管通道法介导的棉花遗传转化.中国农业科技导报,2000,2(2):27-32.

[65] 潘瑞炽.植物组织培养.2 版.广州:广东高等教育出版社,2001.

[66] 庞淑敏,方贯娜,周建华,等.马铃薯茎尖组织培养脱毒体系的建立.长江蔬菜(学术版),2008:25-26.

[67] 权军利,何玉科,陈耀锋,等.普通小麦基因枪转化高效受体系统的建立.西北农林科技大学学报(自然科学版),2007,35(7):117-122.

[68] RAZZAQ Abdul,张艳敏,赵和,等.通过基因枪和农杆菌介导用 BADH 基因转化小麦.华北农学报,2005,20(5):1-9.

[69] 孙敬三,朱至清.植物细胞工程实验技术.北京:化学工业出版,2006.

[70] 孙敬三,桂耀林.植物细胞工程实验技术.北京:科学出版社,1995.

[71] 孙善君,李仕贵,朱生伟,等.植物遗传转化方法及其在棉花品质改良育种中的应用.分子植物育种,2005,3(2):233-239.

[72] 孙伟生,王跃进.植物遗传转化中农杆菌抑制的研究.安徽农业科学,2007,35(31):9913-9914.

[73] 谭文澄,戴策刚.观赏植物组织培养技术.北京:中国林业出版社,1991.

[74] 唐静,谈满良,赵江林,等.多孔板-MTT 比色法测定植物抗菌成分对细菌的抑制活性.天然产物研究与开发,2008,20(3):505-507.

[75] 王蒂.植物组织培养.北京:中国农业出版社,2004.

[76] 王关林,方宏筠.植物基因工程.北京:科学出版社,2001.

[77] 王海波,张艳贞,晏月明.基因枪法转化小麦谷蛋白基因研究进展.生物技术通报,2007(3):101-104.

[78] 王家福.花卉组织培养与快繁技术.北京:中国林业出版社,2006.

[79] 王晓春,王罡,季静,等.用基因枪法将 *Bt* 基因转入大豆的研究.大豆科学,2007,26(2):140-143.

[80] 王艳军,李锡香,向长萍,等.大蒜茎尖玻璃化法超低温保存技术研究.园艺学报,2005,32(3):507-509.

[81] 王玉英,高新一.植物组织培养技术手册.北京:金盾出版社,2006.

[82] 王玉英,李枝林,余朝秀,等.蝴蝶兰离体快繁技术研究.西部林业科学,2006,35(2):99-101.

[83] 汪泳,周嫦.烟草花粉原生质体的分离.植物学报,1995,37(5):413-416.

[84] 王永锋,栾雨时,高晓蓉.花粉管通道法在植物转基因中的研究与应用.东北农业大学学报,2004,35(6):764-768.

[85] 王振龙.植物组织培养.北京:中国农业大学出版社,2007.

[86] 吴殿星,胡繁荣.植物组织培养.上海:上海交通大学出版社,2004.

[87] 吴家道,杨剑波,向太和,等.水稻原生质体的高效培养.农业科学集刊(第二集):农作物原生质体培养专集,1995.

[88] 吴永杰,赵艳华.苹果种质资源离体条件下保存效果.河北果树,1998(4):9-10.

[89] 毋锡金,刘淑琼,周月坤,等.苹果胚乳愈伤组织的诱导和植株的分化.中国科学,1977(4):355-359.

[90] 夏晓晖,陈耀锋,李春莲,等.小麦幼胚基因枪转化的影响因素研究.麦类作物学报,2006,26(2):42-45.

[91] 谢德意,房卫平,唐中杰.棉花遗传转化研究进展及其应用.河南农业科学,2007(11):5-12.

[92] 谢启昆.药用植物组织培养.上海:上海科学技术出版社,1986.

[93] 谢志兵,钟晓红,董静洲.农杆菌属介导的植物细胞遗传转化研究现状.生物技术通讯,2006,17(1):101-104.

[94] 许传莲,郑毅男,崔淑玉,等.RP-HPLC 法测定西洋参茎叶中 6 种人参皂苷的含量.吉林农业大学学报,2002,24(3):50-52.

[95] 颜昌敬.植物组织培养手册.上海:上海科学技术出版社,1990.

[96] 杨江义,李旭锋.植物雌性单倍体的离体诱导.植物学通报,2002,19(5):

552-559.

[97] 杨书华,倪万潮,葛才林,等.花粉管通道法导入标记DNA在棉花胚珠内的分布.核农学报,2007,21(1):13-16.

[98] 杨书华.陆地棉花粉管通道形成时期与标记DNA导入的研究.扬州大学硕士学位论文,2006.

[99] 杨学荣,李学宝,汪虹,等.水稻花培育种技术操作和无性系变异体选择.华中师范大学学报(自然科学版),2000,34(3):318-321.

[100] 杨永智,王舰,张艳萍,等.植物外源基因转移技术综述.青海农林科技,2007(1):37-41.

[101] 尹钧,任江萍,宋丽,等.小麦不同转基因受体材料的植株再生培养研究.麦类作物学报,2004,24(2):1-4.

[102] 尤瑞麟.植物学实验技术教程:组织培养、细胞化学和染色体技术.北京:北京大学出版社,2007.

[103] 于晶,任朝阳,闵丽,等.花粉管通道法在单子叶作物遗传转化上的应用.东北农业大学学报,2006,37(1):130-134.

[104] 于晓红,朱勇清,陈晓亚,等.种子特异表达 *ipt* 转基因棉花根和纤维的改变.植物学报,2000,42(1):59-63.

[105] 于荣敏,金线星,孙辉,等.西洋参冠瘿组织悬浮培养及其人参皂苷类成分的分离.生物工程学报,2005,21(5):754-758.

[106] 元英进.植物细胞培养工程.北京:化学工业出版社,2004.

[107] 臧宁,翟红,王玉萍,等.表达 *bar* 基因的抗除草剂转基因甘薯的获得.分子植物育种,2007,5(4):475-479.

[108] 曾黎琼,程在全,段玉云,等.用 PDS-1000/He 型基因枪将外源基因质粒pZFX2导入小麦细胞的研究.植物资源与环境,1999,8(3):61-63.

[109] 张保龙,倪万潮,张天真,等.花粉管通道法转基因抗虫棉外源基因的整合方式.江苏农业学报,2004,20(3):144-148.

[110] 张佳星,何聪芬,叶兴国,等.农杆菌介导的单子叶植物转基因研究进展.生物技术通报,2007,2:23-26.

[111] 张健,赵江雷,潘菊,等.马铃薯茎尖脱毒技术.吉林蔬菜,2007(1):11-12.

[112] 张丕方,倪德祥,包慈华.植物组织培养与繁殖上的应用.上海:上海科技教育出版社,1987.

[113] 张小明,鲍根良,叶胜海,等.作物人工种子的研究进展.种子,2002(2):41-43.

[114] 张震林,陈松,刘正銮,等.转蚕丝芯蛋白基因获得高强纤维棉花植株.江西农业学报,2004,16(1):15-19.

[115] 张志宏,杨洪一,代红艳,等.应用多重 RT-PCR 检测草莓斑驳病毒和草莓轻型黄边病毒.园艺学报,2006,33(3):507-510.

[116] 赵虹,李名扬,裴炎,等.影响基因枪转化小麦的几个因素.四川大学学报(自然科学版),2001,38(4):570-574.

[117] 赵林姝,刘录祥,王晶,等.小麦不同外植体离体培养及转化效率的比较研究.麦类作物学报,2006,26(1):26-30.

[118] 赵江林,徐利剑,黄永富,等.TLC-生物自显影-MTT 法检测滇重楼内生真菌中抗菌活性成分.天然产物研究与开发,2008,20(1):28-32.

[119] 郑卫红,杨剑波,吴家道.胡萝卜人工种子制作[J].安徽农业科学,1995,23(2):126-127.

[120] 郑友兰,张崇禧,张春红,等.D-101 大孔吸附树脂对人参皂苷吸附容量的影响.吉林农业大学学报,2002,24(6):47-49.

[121] 中国科学院上海植物生理研究所细胞室.植物组织和细胞培养.上海:上海科学技术出版社,1978.

[122] 周爱芬,陈秀玲,夏光敏.普通小麦与簇毛麦原生体的紫外线融合.植物生理与分子生物学学报,2002,28(4):305-310.

[123] 周春江,葛荣朝,赵宝存,等.利用花粉管通道法将兔防御素 NP21 基因导入小麦的研究.华北农学报,2007,22(2):26-28.

[124] 周平兰,梁满中,高健,等.花粉管通道法转柱头外露棉 DNA 及转化体RAPD 分析.湖南师范大学自然科学学报,2004,27(3):81-86.

[125] 周维燕.植物细胞工程原理与技术.北京:中国农业大学出版社,2001.

[126] 朱建华,彭士勇.植物组织培养实用技术.北京:中国计量出版社,2002.

[127] 朱生伟,黄国存,孙敬三.外源 DNA 直接导入受体植物的研究进展.植物学通报,2000,17(1):11-16.

[128] 朱至清.植物细胞工程.北京:化学工业出版社,2003.

[129] Bouafia S,Lairy G,Blanc A,et al. Cryopreservation of axillary shoot tips of in vitro cultured potataoes by encapsulation-dehydration: effects of pre-culture. Acta Botanica Gallica,1995,142(4):393-402.

[130] Cho MJ,Yano H,Okamoto D,et al. Stable transformation of rice (*Oryza sativa* L.) via microprojectile bombardment of highly regenerative, green tissues derived from mature seed. Plant Cell Reports ,2004,22:483-489.

[131] Coventry J, Kott L, Beversdorf WD. Manual for microspore culture technique for *Brassica napus*. Technical Bulletin, Department of crop science, University of Guelph, 1988.

[132] Custers JBM. Microspore culture in rapeseed (*Brassica napus* L.). In: Maluszynski M, Kasha KJ, Forster BP, Szarejko I (eds) Doubled haploid production in crop plants. The Netherlands: A manual. Kluwer Academic Publisher, 2003.

[133] Davies PA. Barley isolated microspore culture protocol. In: Maluszynski M, Kasha KJ, Forster BP, Szarejko I (eds) Doubled haploid production in crop plants. The Netherlands: A manual. Kluwer Academic Publisher, 2003.

[134] Fan C, Pu N, Wang X, et al. Agrobacterium-mediated genetic transformation of grapevine (*Vitis vinifera* L.) with a novel stilbene synthase gene from Chinese wild *Vitis pseudoreticulata*. Plant Cell Tissue and Organ Culture, 2008, 92:197-206.

[135] Floriana F, Rosalinda DA, Monica DP, et al. Constitutive over-expression of two wheat pathogenesisrelated genes enhances resistance of tobacco plants to *Phytophthora nicotianae*. Plant Cell Tissue and Organ Culture, 2008, 92:73-84.

[136] Gao XR, Wang GK, Su Q, et al. Phytase expression in transgenic soybeans: stable transformation with a vector-less construct. Biotechnology Letter, 2007, 29:1781-1787.

[137] Guo JM, Liu QC, Zhai H, Wang YP: Regeneration of plants from *Ipomoea cairica* L. protoplasts and production of somatic hybrids between *I. cairica* L. and sweetpotato, *I. batatas* (L.) Lam. Plant Cell Tissue and Organ Culture, 2006, 87: 321-327.

[138] Guo Y-D, Pulli S. High-frequency embryogenesis in *Brassica campestris* microspore culture, Plant Cell Tissue and Organ Culture. 1996, 46:219-225.

[139] Hye JC, Thummala C, Lee HY, et al. Production of herbicide-resistant transgenic sweet potato plants through *Agrobacterium tumefaciens* method. Plant Cell Tissue Organ Culture, 2007, 91:235-242.

[140] Jefferson RA. GUS fusion: $\beta$-glucuronidase as a sensitive and versatile

gene fusion marker in higher plants. EMBO Journal, 1987, 6(13):3901-3907.

[141] Kasha KJ, Simion E, Oro R, et al. Barley isolated microspore culture protocol. In: Maluszynski M, Kasha KJ, Forster BP, Szarejko I (eds)Doubled haploid production in crop plants. The Netherlands:A manual. Kluwer Academic Publisher, 2003.

[142] Li XG, Chen SB, Lu ZX, et al. Impact of Copy Number on Transgene Expression In Tobacco. Acta Botanica Sinica, 2002,44 (1):120-123.

[143] Liu CW, Lin CC, Chen JJW, et al. Stable chloroplast transformation in cabbage (*Brassica oleracea* L. var. *capitata* L. )by particle bombardment. Plant Cell Reports, 2007, 26:1733-1744.

[144] Patel AV, Pusch I, Mix-Wangner G, et al. A novel encapsulation technique for production of artificial seeds. Plant Cell Reports, 2000, 19:868-874.

[145] Pulli S, Guo Y-D. Rye microspore culture. In: Maluszynski M, Kasha KJ, Forster BP, Szarejko I (eds) Doubled haploid production in crop plants. The Netherlands: A manual. Kluwer Academic Publisher, 2003.

[146] Touraev A, Heberle-Bors E. Anther and microspore culture in tobacco. In: Maluszynski M, Kasha KJ, Forster BP, Szarejko I (eds)Doubled haploid production in crop plants. The Netherlands :A manual. Kluwer Academic Publisher, 2003.

[147] Nakano M, Mii M. Protoplast culture and plant regeneration of several species in the genus Dianthus. Plant Cell Reports,1992,11:225-228.

[148] Nakano M, Mii M. Somatic hybridization between *Dianthus chinensis* and *D. barbatus* through protoplast fusion. Theoretical and Applied Genetics, 1993,86:1-5.

[149] Rao PS. Encapsulated shoot tips of banana: a new propagation and delivery system. Infomusa, 1993, 2(2):4-5.

[150] Shou HX, Palmer RG, Wang K. Irreproducibility of the Soybean Pollen-Tube Pathway Transformation Procedure. Plant Molecular Biology Reporter, 2002, 20:325-334.

[151] Silvia FB, Juan FJB, Sergio RM, et al. Genetic transformation of *Agave salmiana* by *Agrobacterium tumefaciens* and particle bombardment. Plant

Cell Tissue and Organ Culture, 2007, 91:215-224.

[152] Suwanaketchanatit C, Piluek J, Peyachokangul S et al. High efficiency of stable genetic transformation in *Dendrobium via* microprojectile bombardment. Biologia plantarum, 2007, 51 (4): 720-727.

[153] Thomas CM, Jones JDG. Molecular analysis of Agrobacterium T-DNA integration in tomato reveals a role for left border sequence homology in most integration events. Molecular Genetics and Genomics, 2007, 278: 411-420

[154] Timbert R, Barbotin JN, Thomas D, et al. Effect of sole and combined pre-treatments on reserve accumulation, survival and germination of encapsulated and dehydrated carrot somatic embryos . Plant Science Limerick, 1996, 120(2):223-231 .

[155] Tomasz P, Józef K. Efficiency of transformation of Polish cultivars of pea (*Pisum sativum* L.)with various regeneration capacity by using hypervirulent *Agrobacterium tumefaciens* strains. Journal of Applied Genetics, 2005,46(2):139-147.

[156] Yu B, Zhai H, Wang YP, et al. Efficient *Agrobacterium tumefaciens*-mediated transformation using embryogenic suspension cultures in sweetpotato, *Ipomoea batatas* (L.) Lam. Plant Cell Tissue and Organ Culture, 2007, 90:265-273.

[157] Willemse MTM. Progamic phase and fertilization in *Gasteria verrucosa* (Mill.) H. Duval: pollination signals. Sexual Plant Reproduction, 1996, 9:348-352.

[158] Wremerth Weich E, Levall MW. Doubled haploid production of sugar beet (*Beta vulgaris* L.). In: Maluszynski M, Kasha KJ, Forster BP, Szarejko I (eds) Doubled haploid production in crop plants. The Netherlands : A manual. Kluwer Academic Publisher, 2003.

[159] Wu JY, Wong K, Ho KP, Zhou LG. Enhancement of saponin production in *Panax ginseng* cell culture by osmotic stress and nutrient feeding. Enzyme and Microbial Technology, 2005, 36(1):133-138.

[160] Wu W, Su Q, Xia XY. The *Suaeda liaotungensis* kitag betaine aldehyde dehydrogenase gene improves salt tolerance of transgenic maize mediated with minimum linear length of DNA fragment . Euphytica, 2008, 159:17-25.

[161] Zambryski PC. Chronicles from the Agrobacterium-plant cell DNA transfer story. Annual Review of Plant Physiology and Plant Molecular Biology,1992,43:465-490.

[162] Zapata-Arias FJ. Laboratory protocol for anther culture technique in rice. In: Maluszynski M, Kasha KJ, Forster BP, Szarejko I (eds)Doubled haploid production in crop plants. The Netherlands:A manual. Kluwer Academic Publisher, 2003.

[163] Zhang Ysh, Yin XY, Yang AiF, et al. Stability of inheritance of transgenes in maize (*Zea mays* L.)lines producedusing different transformation methods. Euphytica, 2005, 144:11-22.

[164] Zhou LG, Wu JY. Development and application of medicinal plant tissue cultures for production of drugs and herbal medicinals in China. Natural Product Reports, 2006, 23(5):789-810.

**图书在版编目(CIP)数据**

植物细胞组织培养实验教程/郭仰东主编 . ——北京:中国农业大学出版社,2009.12
普通高等教育"十一五"国家级规划教材配套教材
ISBN 978-7-81117-879-1

Ⅰ. 植…　Ⅱ. 郭…　Ⅲ. 植物-组织培养-实验-高等学校-教材　Ⅳ. Q943.1-33

中国版本图书馆 CIP 数据核字(2009)第 166462 号

| | |
|---|---|
| **书　　名** | 植物细胞组织培养实验教程 |
| **作　　者** | 郭仰东　主编 |

| | | | |
|---|---|---|---|
| **策划编辑** | 张秀环 | **责任编辑** | 张秀环 |
| **封面设计** | 郑　川 | **责任校对** | 王晓凤　陈　莹 |
| **出版发行** | 中国农业大学出版社 | | |
| **社　　址** | 北京市海淀区圆明园西路 2 号 | **邮政编码** | 100193 |
| **电　　话** | 发行部 010-62731190,2620 | **读者服务部** 010-62732336 | |
| | 编辑部 010-62732617,2618 | **出　版　部** 010-62733440 | |
| **网　　址** | http://www.cau.edu.cn/caup | **e-mail** cbsszs @ cau.edu.cn | |
| **经　　销** | 新华书店 | | |
| **印　　刷** | 涿州市星河印刷有限公司 | | |
| **版　　次** | 2009 年 12 月第 1 版　2013 年 12 月第 2 次印刷 | | |
| **规　　格** | 787×980　16 开本　13.25 印张　242 千字 | | |
| **定　　价** | 28.00 元 | | |

**图书如有质量问题本社发行部负责调换**